高等职业院校教学改

QHSE 与清洁生产

贺　丽　主编
徐广智　主审

化学工业出版社

·北京·

本教材以 Q（质量）、H（健康）、S（安全）、E（环境）、清洁生产内容为主线，介绍了职业健康及职业安全相关知识，包括职业病及防治、职业危害因素、安全、防火、防护、自救等，设置了动作稳定测试、听觉测试、反应时间测定、注意力集中测试、暗适应测量、个人防护训练、应急疏散训练、模拟救生训练技能测试；教材另介绍了环境污染、环境保护、清洁生产相关知识，设置了环境照明测量、校园环境噪声测量技能测试；除此之外，教材简要介绍了质量与质量管理以及 ISO 9000 族标准相关知识。教材整体培养学生安全、健康、环保与质量意识并掌握相关知识技能。技能测试项目选取以企业要求为依据，重点培养，突出训练，实用性强。

本教材可供高职高专化工技术类各专业使用，也可供相关人员培训使用。

图书在版编目（CIP）数据

QHSE 与清洁生产/贺丽主编. —北京：化学工业
出版社，2015.9（2025.2重印）
高等职业院校教学改革教材
ISBN 978-7-122-24944-9

Ⅰ.①Q…　Ⅱ.①贺…　Ⅲ.①无污染工艺-质量管理-
高等职业教育-教材　Ⅳ.①X383

中国版本图书馆 CIP 数据核字（2015）第 195274 号

责任编辑：陈有华　刘心怡　　　　　文字编辑：颜克俭
责任校对：吴　静　　　　　　　　　装帧设计：尹琳琳

出版发行：化学工业出版社（北京市东城区青年湖南街 13 号　邮政编码 100011）
印　　装：北京科印技术咨询服务有限公司数码印刷分部
787mm×1092mm　1/16　印张 7¼　字数 171 千字　　2025 年 2 月北京第 1 版第 3 次印刷

购书咨询：010-64518888　　　　　　　　售后服务：010-64518899
网　　址：http://www.cip.com.cn
凡购买本书，如有缺损质量问题，本社销售中心负责调换。

定　　价：20.00 元

前言

"QHSE 与清洁生产"课程是高职化工技术类各专业的基础课程。课程授课采取理论-实践一体化教学模式，按照"资讯、计划、决策、实施、检查和评价"六步教学法组织教学，学生在做中学、学中做，掌握职业健康、职业安全、环境保护、清洁生产的重点知识与技能，并了解质量与质量管理基本知识。教材除供化工技术类各专业使用外，还可供企业技术培训及其他相关专业人员学习参考。

本教材是在总结工学结合、基于工作过程的课程改革经验基础上编写而成的，并与企业专家共同商讨，确定适合高职高专学生的典型学习内容。全书按照 Q（质量）、H（健康）、S（安全）、E（环境）、清洁生产设置为五章。各章内容相融汇构成现代化工安全、健康、环保和质量知识与能力框架，培养学生安全、健康、环保与质量意识并掌握相关知识技能，为后续课程的学习以及将来从事化工、环保、制药、冶金等企业安全环保技术和管理工作，以及未来的可持续发展打下坚实的基础。

本教材从质量与质量管理切入，使学生理解 ISO 9000 族标准相关知识，了解化工企业实施质量管理的现状；从"职业健康"与"职业安全"角度，分析职业危害因素、安全隐患等，使学生树立职业安全意识，掌握控制职业有害因素的方法，掌握安全、防火、防护、自救等知识与技能。从"环保"与"清洁生产"方面，分析目前环境问题与环境污染状况，阐述清洁生产实施的必要性，使学生树立起环保、节能意识，掌握控制环境污染的基本方法以及实施清洁生产的主要途径。这样，从 Q、H、S、E、清洁生产五个方面提高认识，提升专业综合能力。

本教材在编写中力求提高课程与教材的职业性、技术性、实践性、实用性，形成教材特色。

本教材内容选取具有针对性，贴合企业安全环保实际需求。教材技能测试项目选取以企业要求为依据，力求重点培养，突出训练，实用性强。

本教材由吉林工业职业技术学院贺丽主编并负责编写第一章、第四章、第五章，刘姝君编写第二章理论部分，于巧丽编写第二章技能训练部分，赵志国编写第三章，吉林石化分公司乙二醇厂朴勇指导了本课程的建设，并担任教材的副主编，全书由贺丽统一修改定稿。本书由徐广智主审，并提出具体修改意见和建议，在此表示诚挚感谢！

由于编者水平有限，书中不足之处在所难免，恳请同行与读者批评指正。

编　者
2015 年 6 月

目录

第一章 质量与质量管理概述 ………………………………………………… 1

第一节 质量 ………………………………………………………………… 2
第二节 质量管理 …………………………………………………………… 2
  一、质量管理定义 ………………………………………………………… 2
  二、质量管理发展阶段 …………………………………………………… 2
  三、全面质量管理指导思想 ……………………………………………… 3
  四、质量管理常用工具 …………………………………………………… 3
  五、PDCA 循环 …………………………………………………………… 3
第三节 质量管理体系 ISO 9000 族标准 ………………………………… 4
  一、ISO 9000 族标准简介 ……………………………………………… 4
  二、ISO 9000 族标准适用范围 ………………………………………… 4
  三、质量管理八项原则 …………………………………………………… 5
  四、化工企业质量管理现状 ……………………………………………… 5
习题 …………………………………………………………………………… 6

第二章 职业健康 ……………………………………………………………… 7

第一节 职业健康概述 ……………………………………………………… 8
  一、粉尘危害与控制 ……………………………………………………… 10
  二、化学毒物危害与控制 ………………………………………………… 15
  三、高温危害及控制 ……………………………………………………… 18
  四、非电离辐射危害及控制 ……………………………………………… 21
  五、电离辐射危害及控制 ………………………………………………… 23
第二节 动作稳定测试 ……………………………………………………… 26
  一、知识储备 ……………………………………………………………… 26
  二、技能测试 ……………………………………………………………… 26
第三节 听觉测试 …………………………………………………………… 28
  一、知识储备 ……………………………………………………………… 28
  二、技能测试 ……………………………………………………………… 29
第四节 反应时间测定 ……………………………………………………… 30
  一、知识储备 ……………………………………………………………… 30
  二、技能测试 ……………………………………………………………… 31
第五节 注意力集中测试 …………………………………………………… 33

一、知识储备 ·· 33

二、技能测试 ·· 34

第六节　暗适应测量 ·· 35

一、知识储备 ·· 35

二、技能测试 ·· 35

习题 ·· 36

第三章　职业安全 ·· **39**

第一节　职业安全概述 ·· 40

一、安全管理及安全事故 ·· 40

二、安全色与安全标志 ·· 42

三、防火防爆 ·· 44

四、火灾扑救 ·· 55

五、机械作业安全 ·· 58

六、危险化学品安全 ·· 59

七、用电安全 ·· 62

八、运输安全 ·· 66

第二节　个人防护训练 ·· 71

一、知识储备 ·· 71

二、技能测试 ·· 76

第三节　应急疏散训练 ·· 77

一、知识储备 ·· 77

二、技能测试 ·· 80

第四节　模拟救生训练 ·· 81

一、知识储备 ·· 81

二、技能测试 ·· 83

习题 ·· 84

第四章　环境保护 ·· **87**

第一节　环境保护概述 ·· 88

一、环境及环境问题 ·· 88

二、环境污染 ·· 90

三、环境保护 ·· 91

四、可持续发展 ·· 92

第二节　校园环境噪声测量 ·· 93

一、知识储备 ·· 93

二、技能测试 ·· 95

第三节　环境照明测量 ·· 97

一、知识储备 ·· 97

二、技能测试 ·· 97

习题 ………………………………………………………………………………… 99

第五章　清洁生产 ………………………………………………………………… **101**

第一节　清洁生产概述 ……………………………………………………… 102

一、清洁生产的产生 ………………………………………………………… 102

二、清洁生产的定义 ………………………………………………………… 102

三、清洁生产的目标 ………………………………………………………… 103

四、清洁生产的内容 ………………………………………………………… 103

五、清洁生产的特点 ………………………………………………………… 104

六、推行清洁生产的意义 …………………………………………………… 104

第二节　清洁生产与末端治理 ……………………………………………… 104

第三节　清洁生产与循环经济 ……………………………………………… 105

一、循环经济的定义 ………………………………………………………… 105

二、循环经济的基本原则 …………………………………………………… 106

三、清洁生产与循环经济 …………………………………………………… 106

第四节　清洁生产的实施途径 ……………………………………………… 106

习题 ………………………………………………………………………………… 107

参考文献 ………………………………………………………………………… **110**

第一章
质量与质量管理概述

知识目标

1. 理解质量、质量管理的定义。
2. 了解化工企业质量管理的现状。
3. 掌握 ISO 9000 族标准的构成。

能力目标

1. 掌握全面质量管理的指导思想。
2. 掌握 PDCA 工作循环的程序。
3. 掌握质量管理的八项原则。

第一节　质　量

质量是产品在使用时能成功满足用户需要的程度。质量是企业取得成功的关键，很多国家政府、国际组织和工业协会等通过大量研究表明，企业要生存、发展、进步，必须依靠质量保证体系的有效实施，质量是企业之根本。质量影响着人们的基本生活，人类的生活只有依托质量才得以提升。质量是提升综合国力和国际竞争力的保障。

质量不是一个固定不变的概念，它是动态的、变化的、发展的，它在随时间、地点、对象的不同而不断更新和丰富；它是一个综合的概念，包含成本、数量、性能、服务等诸多方面。

ISO 9000：2000 对质量定义为"一组固有特性满足要求的程度"。"质量"术语可使用形容词，如差、好或优秀来修饰。"固有的"（其反义是"赋予的"），就是指在某事或某物中本来就有的，尤其是那种永久的特性。"特性"的类别可以包括物质特性（机械、电、化学或生物特性）、感官特性（嗅、触、味、视、听等），以及行为、时间、功能等方面的特性；"要求"是指明示的、通常隐含的或必须履行的需求或期望。

通常把反映产品使用目的的各种技术经济参数作为质量特性，如可直接定量的化学成分、使用年限、强度等，不宜定量的美观、舒适、轻便等。对技术经济参数做明确规定，来反映产品质量主要特性所形成的技术文件，就是质量标准（或称技术标准）。随着市场日益国际化，产品和服务的质量问题也日益步入国际舞台，为了适应国际经济技术合作及贸易往来，国际标准化组织（ISO）颁布了 ISO 9000（质量管理体系）族标准。使各国的质量保证和质量管理有了统一的国际标准，使得质量管理工作规范化、程序化。

第二节　质量管理

一、质量管理定义

质量管理是以质量为研究对象，研究并揭示质量产生、形成和实现过程客观规律的科学。它是在质量方面指挥和控制组织协调的活动，包括制定质量方针和质量目标以及质量策划、质量控制、质量保证和质量改进。

二、质量管理发展阶段

质量管理主要包括三个发展阶段：质量检验阶段、统计质量控制阶段、全面质量管理阶段。

1. 质量检验阶段

18 世纪中期至 20 世纪 30 年代，质量管理通过使用各种检验仪表和设备，用适应的检验方法对零件和产品进行全数检查和筛选，防止不合格品出厂。实质上这是对产品事后的检验，很难在生产过程中起到预防、控制的作用，另外，质量管理要求成品进行全数检验，这样成本太高，技术上也不完全可能。

2. 统计质量控制阶段

20 世纪 40 年代至 50 年代末，概率论和数理统计原理应用到质量管理中。质量管理重视产品质量优劣的原因研究，提倡以预防为主的方针。有条件的地方推行了抽样检验，利用控制图对生产工序进行动态控制，有效防止了废品产生。但是单纯依靠统计方法无法解决一切质量管理问题，而且这一阶段把质量的控制和管理局限在制造和检验部门，而实际上要生产高质量的产品，必须要求全员参与质量管理、全过程质量管理、全企业质量管理，并且采用多种管理方法，这就推动了全面质量管理的形成。

3. 全面质量管理阶段

20 世纪 60 年代至今。全面质量管理是为了能够在最经济的水平上并考虑到充分满足用户要求的条件下进行市场研究、设计、生产和服务，把企业各部门的研制质量、维标质量和提高质量的活动构成一体的有效体系。它突破了单独统计，广泛采用系统工程、管理工程学、价值分析、计算机科学等。它是全员参与的质量管理、全过程的质量管理、全企业的质量管理、全社会推动的质量管理。

三、全面质量管理指导思想

1. 以质量求生存、 以质量求发展， 质量第一

企业的生存能力、竞争能力取决于它满足社会质量需求的能力。质量永远第一位，并要把质量与数量、成本、交货期等综合起来考虑。

2. 质量形成于生产全过程

在生产的各个环节、各个过程实行质量保证与控制，质量管理从事后把关转换到事先预防控制。

3. 顾客为中心， 顾客至上

使产品质量与服务尽可能满足顾客需求。

4. 科学、 严谨， 用数据证明质量

全面质量管理要科学、严谨，质量分析时用准确的数据说明质量的好或差的程度，以此改进。

5. 全员参与， 以人为本

组织中的每个人都应参与全面质量管理，要充分发挥人的积极因素。

四、质量管理常用工具

调查表（一般可分为点检用调查表和记录用调查表）、排列图、因果图、分层法、直方图、散布图、控制图、树图、对策表、流程图、水平对比、亲和图等。

五、PDCA 循环

质量管理工作是在不断改进循环的，它按照计划（plan）-执行（do）-检查（check）-处理（action）四个阶段的顺序不断循环地进行质量管理，也简称为 PDCA 工作循环。

PDCA 工作循环的内容主要有四个程序。

1. 计划阶段

通过市场调查、用户访问等，摸清用户对产品质量的要求，确定质量政策、质量目标和质量计划等。包括现状调查、分析、确定要因、制订计划。

2. 执行阶段

根据预定目标和措施计划，落实执行部门和负责人，执行措施，实施计划。

3. 检查阶段

主要是在计划执行过程之中或执行之后，检查计划实施结果，衡量和考察取得的效果，找出问题。

4. 处理阶段

主要是根据检查结果，采取相应的措施。巩固成绩，把成功的经验尽可能纳入标准，进行标准化，遗留问题则转入下一个 PDCA 循环去解决。即巩固措施和下一步的打算。

第三节 质量管理体系 ISO 9000 族标准

一、ISO 9000 族标准简介

1. ISO 简介

ISO 一词来源于希腊语 "ISOS"，即 "EQUAL" ——平等之意，是国际标准化组织（International Organization for Standardization）的简称。ISO 成立于 1946 年，是一个全球性的非政府组织，是国际标准化领域中一个十分重要的组织，又称 "经济联合国"。ISO 为非政府的国际科技组织，是世界上最大的、最具权威的国际标准制订、修订组织。

2. ISO 9000 族标准简介

ISO 9000 族标准是国际标准化组织 ISO 颁布的关于质量管理方面的世界性标准。它由核心标准 ISO 9000《质量管理体系　基础和术语》、ISO 9001《质量管理体系　要求》、ISO 9004《质量管理体系　业绩改进指南》、ISO 19011《质量和（或）环境管理体系审核指南》构成，还包括支持性标准和文件等如 ISO 10012《测量管理体系　测量过程和设备要求》、ISO/TR 10005《质量管理　质量计划指南》、ISO/TR 10006《质量管理　项目管理质量指南》、ISO/TR 10007《质量管理　技术状态管理指南》、ISO/TR 10013《质量手册编制指南》、ISO/TR 10014《质量经济性管理指南》、ISO/TR 10015《质量管理　培训指南》、ISO/TR 10017《统计技术指南》等。

我国在 20 世纪 90 年代将 ISO 9000 族标准转化为国家标准，随后各行业也将 ISO 9000 族标准转化为行业标准。ISO 9000 族标准并不是产品的技术标准，而是针对组织的管理结构、人员、技术能力、各项规章制度、技术文件和内部监督机制等一系列体现组织保证产品及服务质量的管理措施的标准。

二、ISO 9000 族标准适用范围

在整个族标准中，每个标准的适用范围在各自中都有不同的规定，概括起来 ISO 9000

族标准主要适用于如下企业组织：

（1）通过质量管理体系谋求发展的组织；

（2）通过体系的有效应用、运行，持续改进，不断提升顾客满意度的组织；

（3）通过体系证明有能力为顾客提供满意产品的组织；

（4）需要提高管理体系的有效性，提升企业效率，进一步开发改进组织业绩的潜能方面的组织。

三、质量管理八项原则

质量管理八项原则的宗旨是：针对所有相关方的需求，为了成功地领导和运作组织，实施并持续改进其业绩的管理，提供原则性的指南。

1. 以顾客为中心

组织满足并争取超过顾客需求。

2. 领导作用

领导者确立组织统一的宗旨及方向。他们应当创造并保持使员工能充分参与实现组织目标的内部环境。

3. 全员参与

各级人员都是组织之本，只有他们的充分参与才能使他们的才干为组织带来收益。

4. 过程方法

将活动和相关资源作为过程进行管理，可以更高效地得到期望的结果。

5. 管理的系统方法

将相互关联的过程作为系统加以识别、理解和管理，有助于组织提高实现目标的有效性和效率。

6. 持续改进

持续改进总业绩，不断增强满足要求的能力。

7. 基于事实的决策方法

以数据和信息分析为基础，实事求是。

8. 互利的供方关系

组织与供方是相互依存的，互利的关系可增强双方创造价值的能力。

四、化工企业质量管理现状

随着市场竞争的日趋激烈，越来越多的化工企业竞相贯彻 ISO 9000 标准工作，并取得了明显的效益。一方面来自证书的"广告效应"有了一定的体现，更重要的是 ISO 9000 质量体系强化了品质管理，提高企业效益；而且企业内部可强化管理，提高员工素质和企业文化，外部提升了企业形象和市场份额；更有利于国际间的经济合作和技术交流。

当然 ISO 9000 族标准带来正面效应的同时，对于一些组织也存在一定的问题，如一些企业内 ISO 9000 族标准所贯穿的程序化管理思想与原有管理思想和模式仍存在一定反差，部分企业日常管理工作与体系要求不能有机地融合在一起，企业质量体系文件缺乏自身特色，一些质量检查流于形式等。相信随着组织质量管理的不断完善，这些问题一定能够得以解决。

 习题

一、填空题

1. 质量是产品在使用时能成功_____的程度。

2. 质量是一个综合的概念，包含_____、_____、_____、_____等诸多方面。

3. 质量定义中"特性"的类别可以包括_____、_____以及行为、时间、功能等方面的特性。

4. 通常把反映产品_____的各种技术经济参数作为质量特性，如化学成分、使用年限、强度等。

5. 质量管理主要包括三个发展阶段即_____阶段、_____控制阶段、_____阶段。

6. 全面质量管理中以_____为中心，_____利益至上。

7. 质量管理常用工具包括_____、_____、_____等。

8. PDCA 循环按照_____、_____、_____、_____进行。

9. ISO 一词是_____的简称。

二、判断题

1. 质量是必须保证的，所以它是一个随时间固定不变的概念。（　　　）

2. "质量"术语可使用形容词，如差、好或优秀来修饰。（　　　）

3. 质量定义中"固有的"就是指在某事或某物中本来就有的，尤其是那种永久的特性。（　　　）

4. 企业的生存能力、竞争能力取决于它满足社会质量需求的能力。（　　　）

5. PDCA 循环的处理阶段主要是根据检查结果，采取相应的措施，遗留问题不再转入下一个 PDCA 循环去解决。（　　　）

三、问答题

1. ISO 9000：2000 对质量定义是什么？

2. 质量管理的定义是什么？

3. 全面质量管理的指导思想是什么？

4. PDCA 工作循环的内容有哪些？

5. ISO 9000 族标准的构成主要有哪些？

6. 质量管理的八项原则有哪些？

第二章
职业健康

知识目标

1. 理解职业健康、职业病的基本概念及职业病的分类。
2. 掌握粉尘、毒物、高温及辐射在职业过程中的危害及控制措施。
3. 掌握职业病防治的基本原则。

能力目标

1. 能够进行动作稳定测试。
2. 能够进行听觉测试。
3. 能够进行反应时间测定。
4. 能够进行注意力集中测试。
5. 能够进行暗适应测量。

第一节　职业健康概述

人类自开始生产活动以来，就出现了因接触生产环境和劳动过程中有害因素而发生的疾病。追溯国内外历史，最早发现的职业病都与采石开矿和冶炼生产有关。随着工业的兴起和发展，生产环境中使人类产生疾病的有害因素的种类和数量也不断增加。

职业健康概念

职业健康是研究并预防因工作导致的疾病，防止原有疾病的恶化。主要表现为工作中因环境及接触有害因素引起人体生理机能的变化。

1950 年由国际劳工组织和世界卫生组织的联合职业委员会给出的定义：职业健康应以促进并维持各行业职工的生理、心理及社交处在最好状态为目的；并防止职工的健康受工作环境影响；保护职工不受健康危害因素伤害；并将职工安排在适合他们的生理和心理的工作环境中。

"职业健康"，国外有些国家称为"工业卫生"（industrial hygiene）或"劳动卫生"，较多国家倾向于使用"职业卫生"（occupational health）。目前在我们国家，劳动卫生、职业卫生、职业健康三种叫法并存，内涵相同。

在国家标准《职业安全卫生术语》（GB/T 15236—2008）中，"职业健康"（occupational health）定义为：以职工的健康在职业活动过程中免受有害因素侵害为目的的工作领域及在法律、技术、设备、组织制度和教育等方面所采取的相应措施。

职业健康（职业卫生）与职业安全的区别

（1）职业卫生主要是研究劳动条件对从业者健康的影响，目的是创造适合人体生理要求的作业条件，研究如何使工作适合于人，又使每个人适合于自己的工作，使从业者在身体、精神、心理和社会福利诸方面处于最佳状态。

（2）职业安全是以防止职工在职业活动过程中发生各种伤亡事故为目的的工作领域及在法律、技术、设备、组织制度和教育等方面所采取的相应措施。它以保护人的生命安全为基本目标。

（3）职业卫生和职业安全是一个事物的两个方面，均是防止劳动者在工作当中受到伤害，一方面表现在防止生理、心理机能的伤害；另一方面表现为防止躯体外伤。职业安全问题和职业卫生问题既可能相互独立存在，又可能相互并存，只要是在劳动生产过程中就可能存在着安全、卫生的问题，因此国外许多国家在立法和行政管理上也有将职业安全和职业卫生结合在一起的。

职业病

职业病概念

《中华人民共和国职业病防治法》规定，"职业病"是指企业、事业单位和个体经济组织（统称用人单位）的劳动者在职业活动中，因接触粉尘、放射性物质和其他有毒、有害物质等因素而引起的疾病。

法定职业病的条件为以下三点。

① 在职业活动中接触职业危害因素而引起。

② 列入国家规定的职业病范围。

③ 用人单位和劳动者要形成劳动关系，个体劳动不纳入职业病管理的范围。

因此，有些人提出的从事视屏作业引起的视力下降，或者职业压力过大造成的心理紧张则不同于法定职业病的范畴。有的人虽然患有职业病目录中的疾病，如白血病、肺癌等，但不是在职业活动中引起的，也不同于法定职业病范畴。

职业病的种类

随着经济的发展和科技进步，各种新材料、新工艺、新技术不断出现，产生职业危害因素种类越来越多。导致职业病的范围越来越广，出现了一些过去未曾见过或者很少发生的职业病。同时考虑我国的社会经济发展状况，对法定职业病的范围不断地进行修订。

1957 年规定 14 种法定职业病，1987 年修订为 9 类 99 种。2014 年新版职业病分类和目录中规定，职业病种类有 10 类 132 种。

（1）职业性尘肺病及其他呼吸系统疾病　肺沉着病（旧称矽肺）、煤工尘肺、石墨尘肺、炭黑尘肺、石棉肺、滑石尘肺、水泥尘肺、云母尘肺、陶工尘肺、铝尘肺、电焊工尘肺、铸工尘肺等 18 种。

（2）职业性皮肤病　接触性皮炎、光接触性皮炎、电光性皮炎、黑变病、痤疮、溃疡、化学性皮肤灼伤、白斑等根据《职业性皮肤病的诊断总则》可以诊断的其他职业性皮肤病 9 种。

（3）职业性眼病　化学性眼部灼伤、电光性眼炎、白内障（含辐射性白内障、三硝基甲苯白内障）3 种。

（4）职业性耳鼻喉口腔疾病　噪声聋、铬鼻病、牙酸蚀病、爆震聋 4 种。

（5）职业性化学中毒　铅及其化合物中毒（不包括四乙基铅）、汞及其化合物中毒、锰及其化合物中毒、镉及其化合物中毒、铍病、铊及其化合物中毒、钡及其化合物中毒等 60 种。

（6）物理因素所致职业病　中暑、减压病、高原病、航空病、手臂振动病、激光所致眼（角膜、晶状体、视网膜）损伤、冻伤 7 种。

（7）职业性放射性疾病　外照射急性放射病、外照射亚急性放射病、外照射慢性放射病、内照射放射病等 11 种。

（8）职业性传染病　炭疽、森林脑炎、布鲁氏菌病、艾滋病（限于医疗卫生人员及人民警察）、莱姆病 5 种。

（9）职业性肿瘤　石棉所致肺癌、联苯胺所致膀胱癌、苯所致白血病、氯甲醚所致肺癌等 11 种。

（10）其他职业病　金属烟热、滑囊炎（限于井下工人）、股静脉血栓综合征、股动脉闭塞症或淋巴管闭塞症（限于刮研作业人员）4 种。

职业卫生档案

职业卫生档案是在职业卫生管理过程中形成的，能够准确、完整反映职业卫生工作全过程的文字、资料、图纸、照片、报表、录音带、录像、影片、计算机数据等文件材料，是职业病防治过程的真实记录和反映，也是行政执法的重要参考依据。

根据职业病防治法的要求，用人单位应当建立职业卫生档案，其内容主要包括：职业卫生基本情况一览表、生产工艺流程图、有害因素分布图、原材料清单、技术、工艺清单、有毒有害物质清单、作业岗位清单、劳动者名册、历年有毒有害因素动态监测结果汇总、职业健康检查结果汇总表、职业病人名单、疑似职业病人名单、职业禁忌证患者名单、防护设施名单、作业场所管理制度或作业环境监测制度书面文件。

职业健康监护及其档案

职业健康监护是近20年在职业卫生领域新开展的一项工作，属于二级预防范畴，目的是通过早期检测、早期发现疾病从而及时采取预防措施。

职业健康监护技术规范GBZ 188—2007规定的职业健康监护定义：以预防为目的，根据劳动者的职业接触史，通过定期或不定期的医学健康检查和健康相关资料的收集，连续性地监测劳动者的健康状况，分析劳动者健康变化与所接触的职业病危害因素的关系，并及时地将健康检查和资料分析结果报告给用人单位和劳动者本人，以便及时采取干预措施，保护劳动者健康。

职业人群健康监护分为上岗前健康检查、在岗期间定期健康检查、离岗时检查、离岗后医学随访检查以及应急健康检查5类。

职业病的诊断

职业病诊断机构：劳动者可以选择企业所在地或本人居住地的职业病诊断机构进行诊断。"居住地"是指劳动者的经常居住地。"诊断机构"是指省级卫生行政部门批准的、具有职业病诊断条件并拥有一定数量的从事职业病诊断资格医师的医疗卫生机构承担。根据《卫生部关于对异地职业病诊断有关问题的批复》，在尘肺病诊断中涉及晋级诊断的，原则是应当在原诊断机构进行诊断。对职业病诊断结论不服的，应当按照《职业病诊断与鉴定管理办法》申请鉴定，而不宜寻求其他机构再次诊断。需要指出的是如果劳动者没有依照有关规定确定诊断机构的，所作的职业病诊断无效。

职业病防治原则

预防职业病危害应遵循以下三级预防原则。

（1）一级预防　即从根本上使劳动者不接触职业病危害因素，如改变工艺，改进生产过程，确定容许接触量或接触水平，使生产过程达到安全标准，对人群中的易感者根据职业禁忌证避免有关人员进入职业禁忌岗位。

（2）二级预防　在一级预防达不到要求、职业病危害因素已开始损伤劳动者的健康时，应及时发现，采取补救措施，主要工作为进行职业危害及健康的早期检测与及时处理，防止其进一步发展。

（3）三级预防　即对已患职业病者，作出正确诊断，及时处理，包括及时脱离接触进行治疗、防止恶化和并发症，使其恢复健康。

一、粉尘危害与控制

（一）粉尘及主要危害

粉尘是指悬浮于空气中的固体微粒。国际上将粒径小于$75\mu m$的固体悬浮物定义为粉尘。

粉尘的来源和分类

1. 粉尘的来源

（1）固体物料的机械粉碎和研磨，如选矿、耐火材料车间的矿石粉碎过程和各种研磨加工过程。

（2）粉状物料的混合、筛分、包装及运输，如水泥、面粉等的生产和运输过程。

（3）物质的燃烧，如煤燃烧时产生的烟尘量占燃煤量的 10％以上。

（4）物质被加工时产生的蒸气在空气中的氧化和凝结，如矿石烧结、金属冶炼等过程中产生的锌蒸气，在空气中冷却时，会凝结、氧化成氧化锌固体微粒。

2. 粉尘的分类

（1）根据粉尘的性质分类　根据粉尘组成成分的化学特性和含量多少可以将粉尘分为以下两类。

① 无机性粉尘　根据组成成分的来源不同，又可分为如下几种。

a. 金属性粉尘，例如，铝、铁、锡、铅、锰、铜等金属及其化合物粉尘。

b. 非金属的矿物粉尘，例如，石英、石棉、滑石、煤等。

c. 人工合成无机粉尘，例如，水泥、玻璃纤维、金刚砂等。

② 有机性粉尘

a. 植物性粉尘，例如，木尘、烟草、棉、麻、谷物、茶、甘蔗、丝等粉尘。

b. 动物性粉尘，例如，畜毛、羽毛、角粉、骨质等粉尘。

c. 人工有机粉尘，例如，有机染料、农药、人造有机纤维等。

在生产环境中，大多数情况下存在的是两种或两种以上物质混合组成的粉尘，称为混合性粉尘。由于混合性粉尘的组成成分不同，其特性、毒性和对人体的危害程度有很大的差异。

（2）根据粉尘颗粒在空气中停留的状况分类

① 降尘　一般指空气动力学直径大于 $10\mu m$、在重力作用下可以降落的颗粒状物质。降尘多产生于大块固体的破碎、燃烧残余物的结块及研磨粉碎的细碎物质，自然界刮风及沙尘暴也可以产生降尘。

② 飘尘　指粒径 $1\sim10\mu m$ 的微小颗粒，如平常说的烟、烟气和雾在内的颗粒状物质，由于这些物质粒径很小、质量轻，故可以长时间停留在大气中，在大气中呈悬浮状态，分布极为广泛。由于飘尘的粒径大小和在空中停留时间长的关系，被人体吸入呼吸道的机会很大，容易对人体造成危害。

（3）根据粉尘粒子在呼吸道沉积部位不同分类

① 非吸入性粉尘　非吸入性粉尘又可称做不可吸入粉尘，一般认为，空气动力学直径大于 $15\mu m$ 的粒子被吸入呼吸道的机会非常少，因此称为非吸入性粉尘。

② 可吸入粉尘　空气动力学直径小于 $15\mu m$ 的粒子可以被吸入呼吸道，进入胸腔范围，因而称为可吸入粉尘或胸腔性粉尘。其中，空气动力学直径为 $10\sim15\mu m$ 的粒子主要沉积在上呼吸道。医学上的可吸入粉尘则具体指可吸入而且不再呼出的粉尘，包括沉积在鼻、咽、喉头、气管和支气管及呼吸道深部的所有粉尘。

③ 呼吸性粉尘　空气动力学直径 $5\mu m$ 以下的粒子可到达呼吸道深部和肺泡区，进入气体交换的区域，称为呼吸性粉尘。呼吸性粉尘在医学上是指能够达到并且沉积在呼吸性细支气管和肺泡的那部分粉尘，不包括可呼出的那一部分。

粉尘的理化特性

粉尘的理化特性不同，造成人体危害的性质和程度不同，发生致病作用的潜伏期等也不相同。影响粉尘损害机体的特性有以下几种。

1. 粉尘的化学成分

作业场所空气中粉尘的化学成分及其在空气中的浓度是直接决定其对人体危害性质和严重程度的重要因素。

由于化学性质不同，粉尘对人体可产生炎症、纤维化、中毒、过敏和肿瘤等作用。比如金属粉尘，某些金属粉尘通过肺组织被人体吸收，进入血液循环，引起中毒。另一些金属粉尘可导致过敏性哮喘或肺炎。此外，某些金属粉尘引发接触性皮炎。

2. 粉尘浓度和接触时间

同一种粉尘在作业环境中浓度越高，暴露时间越长，对人体危害越严重。由于机体对侵入体内的粉尘有一定的清除能力，因此，较低浓度的粉尘对机体的损伤相对较小，即使长期接触也可以不引起任何临床症状，而高浓度的粉尘作业可能使人体在短时间内即造成明显的病损。

3. 粉尘分散度

粉尘被机体吸入的机会与其在空气中的稳定程度和分散度有关，粉尘粒子分散度越高，在空气中飘浮的时间越长，沉降速度越慢，被人体吸收的机会就越多。当粉尘粒子密度相同时，分散度越高，粒子沉降速度越慢；而当尘粒大小相同时，密度越大的尘粒沉降速度越快。

4. 粉尘溶解度

粉尘溶解度的大小影响其对人体造成的危害。溶解度高的粉尘常在上呼吸道被溶解吸收，而溶解度低的粉尘在上呼吸道不能被溶解，往往能进入肺泡部位，在体内持续作用。例如某些含有铅、砷等有毒成分的粉尘可在呼吸道溶解吸收，其溶解度越高，吸收剂量越大，对人体的毒副作用越强；反过来，溶解度低的粉尘，如石英粉尘，由于难于溶解，可在呼吸性细支气管和肺泡聚集，持续产生严重危害。

5. 粉尘硬度

坚硬且外形尖锐的尘粒可能引起呼吸道黏膜的机械性损伤，例如某些类型的石棉纤维粉尘直而硬，进入呼吸道后可穿透肺组织，达到胸膜，导致肺和胸膜损伤。进入肺泡的尘粒，由于体积和质量小，肺泡环境湿润，并受肺泡表面活性物质影响，对肺泡的机械损伤作用可能不很明显。

6. 粉尘的荷电性

物质在粉碎过程和流动中互相摩擦或吸附空气中离子而带电。尘粒的荷电量除取决于其粒径大小、密度外，还与作业环境的温度和湿度有关。飘浮在空气中 90%～95% 的粒子荷带正电或负电。荷电性对粉尘在空气中的稳定程度有影响，同性电荷相斥，增强了空气中粒子的稳定程度，异性电荷相吸，使尘粒碰击、聚集并沉降。一般来说，荷电性的颗粒在呼吸道内易被阻留。在其他条件相同时，荷电粉尘在肺内阻留量达 70%～74%。而不荷电者只有 10%～16%。

7. 粉尘的爆炸性

爆炸性是某些粉尘特有的属性，例如高分散度的煤尘、面粉、糖、亚麻、硫黄、铅、锌等可氧化的粉尘，在适宜的温度和浓度下（如煤尘浓度 $30～50g/m^3$；面粉、铝、硫黄 $7g/m^3$，糖 $10.3g/m^3$），一旦遇到明火、电火花和放电时，会发生爆炸，导致重大人员伤亡和财产损失的安全生产事故。

粉尘进入机体的途径

粉尘通过呼吸道、眼睛、皮肤等进入人体，其中以呼吸道为主要途径。

1. 粉尘在呼吸道的过程

被人体吸入呼吸道的粉尘，绝大部分被吸入后又被呼出。在没有阻力的情况下，吸入尘粒会经气管、主支气管、细支气管后，进入气体交换区域的呼吸性细支气管、肺泡管和肺泡，并在进入的过程中产生毒副作用，影响气体交换功能。沉积在呼吸道的粉尘随后被机体通过多种方式清除。

粉尘颗粒本身含有可溶性物质或在空气中吸附的其他有害物质可溶解于呼吸道或肺泡内的黏液，被人体吸收而直接产生中毒。

2. 呼吸系统对粉尘的防御和清除

人体对吸入的粉尘具备有效的防御和清除机制，一般认为有以下三道防线。

① 鼻腔、喉、气管、支气管树的阻留作用。

② 呼吸道上皮黏液纤毛系统的排除作用。

③ 肺泡巨噬细胞的吞噬作用。

3. 粉尘与皮肤、眼的接触作用

皮肤由表面的角质层和真皮组成，对外来粉尘具有屏障作用，粉尘颗粒很难通过完整皮肤进入人体。但粉尘如果被汗液溶解或黏着在皮肤上，粉尘内含有的一些化合物，如苯胺、三硝基甲苯、金属有机化合物等可通过完整皮肤被吸收进入血液而引起中毒。

当皮肤发生破损或某些尖锐的粉尘损伤皮肤后，粉尘也能进入机体，作为异物被机体巨噬细胞吞噬后诱发炎症反应；粉尘还可能阻塞毛囊、皮脂腺或汗腺。经常进行皮肤清洁有助于洗脱黏附在皮肤上的粉尘，防止粉尘的伤害作用。

一些尖锐且坚硬的粉尘颗粒，如金属磨料粉尘，接触眼睛后，可通过机械作用损伤眼角膜。

粉尘对健康的主要危害

所有粉尘对身体都是有害的，不同特性特别是不同化学性质的生产性粉尘，可能引起机体的不同损害。

1. 对呼吸系统的影响

粉尘对机体影响最大的是呼吸系统损害，包括尘肺、粉尘沉着症、有机粉尘引起的肺部病变、呼吸系统炎症和呼吸系统肿瘤等疾病。

（1）尘肺 尘肺是由于长期吸入生产性粉尘而引起的以肺组织纤维化为主的全身性疾病。

根据粉尘性质不同，尘肺的病理学特点也轻重不一。如石英引起的病理变化为硅结节，胶原纤维往往排列成状似洋葱，石棉尘主要引起肺间质纤维化，肺部结构永久性破坏，肺功能逐渐受影响，一旦发生，即使停止接触粉尘，肺部病变仍继续进展。而煤尘和水泥尘等引起的纤维化进展较为缓慢。

各种尘肺的病变轻重程度主要与生产性粉尘中所含二氧化硅量有关，以肺沉着病最严重，石棉肺次之。前者是接触含高游离型二氧化硅的粉尘引起，后者由含结合型二氧化硅（硅酸盐）粉尘引起。其他尘肺的病理改变和临床表现相对较轻。

（2）粉尘沉着症　有些生产性粉尘如锡、铁、锑等粉尘被吸入后，主要沉积于肺组织中，呈现异物反应，以网状纤维增生的间质纤维化为主，在 X 射线胸片上可以看到满肺视野圆形阴影，主要是这些金属的沉着，这类病变又称粉尘沉着症，不损伤肺泡结构，因此肺功能一般不受影响，机体也没有明显的症状和体征，对健康危害不明显。脱离粉尘作业，病变可以不再继续发展，甚至肺部阴影逐渐消退。

（3）有机粉尘引起的肺部病变　有机性粉尘也可引起肺部改变，如吸入棉、亚麻或大麻尘引起的棉尘病，常表现为休息后第一天上班后出现胸闷、气急和（或）咳嗽症状，可有急性肺通气功能改变，吸烟时吸入棉尘可引起非特异性慢性阻塞性肺病（COPD）；吸入带有霉菌孢子的植物性粉尘，如草料尘、粮谷尘、蔗渣尘等，或者吸入被细菌或血清蛋白污染的有机粉尘可引起职业性变态反应肺泡炎，患者常在接触粉尘 4～8h 后出现畏寒、发热、气促、干咳，第二天自行消失，急性症状反复发作可以发展为慢性，并产生不可逆的肺组织纤维增生和非特异性慢性阻塞性肺病；吸入很多种粉尘（例如铬酸盐、硫酸镍、氯铂酸铵等）后会发生职业性哮喘。这些均已纳入我国法定职业病范围。

高分子化合物如聚氯乙烯、人造纤维粉尘可引起非特异性慢性阻塞性肺病，本类病变常伴有肺部轻度纤维化发生，是否属于尘肺存在争论，部分日本学者和中国学者认为可归类于尘肺，但大多数学者认为不属于尘肺。

（4）呼吸系统肿瘤　某些粉尘本身是或者含有人类肯定致癌物，如石棉、游离二氧化硅、镍、铬、砷等。都是国际癌症研究中心提出的人类肯定致癌物，含有这些物质的粉尘就可能引发呼吸系统和其他系统肿瘤。此外，放射性粉尘也可能引起呼吸系统肿瘤。

（5）呼吸系统炎症　粉尘对人体来说是一种外来异物，因此机体具有本能的排除异物反应，部位积聚大量的巨噬细胞，导致炎性反应，引起粉尘性气管炎、支气管炎、鼻炎和支气管哮喘等疾病。

（6）其他呼吸系统疾病　由于粉尘诱发的纤维化、肺沉积和炎症作用，还常引起肺通气功能的改变，表现为阻塞性肺病；慢性阻塞性肺病也是粉尘接触作业人员常见疾病。在尘肺病人中还常并发尘性气管炎、肺气肿、肺心病等疾病。

长期的粉尘接触，除局部的损伤外，还常引起机体抵抗功能下降，容易发生肺部非特异性感染，肺结核也是粉尘接触人员易患疾病。

2. 局部作用

粉尘作用于呼吸道黏膜，早期引起其功能亢进、黏膜下毛细血管扩张、充血，黏液腺分泌增加，以阻留更多的粉尘，长期则形成黏膜肥大性病变，然后由于黏膜上皮细胞营养不足，造成萎缩性病变，呼吸道抵御功能下降。皮肤长期接触粉尘可导致阻塞性皮脂炎、粉刺、毛囊炎、脓皮病。金属粉尘还可引起角膜损伤、混浊。沥青粉尘可引起光感性皮炎。

3. 中毒作用

含有可溶性有毒物质的粉尘，如含铅中毒。呈现出相应毒物的急性中毒症状。

（二）粉尘危害的主要防治措施

粉尘危害的防护原则

目前，粉尘对人造成的危害，特别是尘肺病尚无特异性治疗，因此预防粉尘危害、加强对粉尘作业的劳动防护管理十分重要。粉尘作业的劳动防护管理应采取三级防护原则。

1. 一级预防

（1）主要措施　包括：综合防尘，即改革生产工艺、生产设备，尽量将手工操作变为机械化、自动化和密闭化、遥控化操作；尽可能采用不含或含游离二氧化硅低的材料代替含游离二氧化硅高的材料；在工艺要求许可的条件下，尽可能采用湿法作业；使用个人防尘用品，做好个人防护。

（2）定期检测　即对作业环境的粉尘浓度实施定期检测，使作业环境的粉尘浓度达到国家标准规定的允许范围之内。

（3）健康体检　即根据国家有关规定，对工人进行就业前的健康体检，禁忌证患者、未成年人、女职工，不得安排其从事禁忌范围的工作。

（4）宣传教育　普及防尘的基本知识。

（5）加强维护　对除尘系统必须加强维护和管理，使除尘系统处于完好、有效状态。

2. 二级预防

其措施包括建立专人负责的防尘机构，制定防尘规划和各项规章制度；对新从事粉尘作业的职工，必须进行健康检查；对在职的从事粉尘作业的职工，必须定期进行健康检查，发现不宜从事接触粉尘工作的职工，要及时调离。

3. 三级预防

主要措施为：对已确诊为尘肺病的职工，应及时调离原工作岗位疗养，患者的社会保险待遇应按国家有关规定办理。

综合防尘和降尘措施

我们的综合防尘和降尘措施可以概括为"革、水、风、密、护、管、教、查"八字方针，对控制粉尘危害具有指导意义。具体地说：革，即工艺改革和技术革新，这是消除粉尘危害的根本途径；水，即湿式作业，可防止粉尘飞扬，降低环境粉尘浓度；风，加强通风及抽风措施，常在密闭、半密闭发尘源的基础上，采用局部抽出式机械通风，将工作面的含尘空气抽出，并可同时采用局部送入式机械通风，将新鲜空气送入工作面；密，将发尘源密闭，对产生粉尘的设备，尽可能在通风中罩密闭，并与排风结合，经除尘处理后再排入大气；护，即个人防护，是防、降生措施的补充，特别在技术措施未能达到的地方必不可少；管，经常性地维修和管理工作；教，加强宣传教育；查，定期检查环境空气中粉尘浓度和接触者的定期体格检查。

控制粉尘危害的主要技术措施

（1）改革工艺过程，革新生产设备。

（2）湿式作业，通风除尘和抽风除尘。

个体防护措施

工人防尘防护用品包括：防尘口罩、送风口罩、防尘眼镜、防尘安全帽、防尘服、防尘鞋等。

二、化学毒物危害与控制

（一）化学毒物的分类及其危害

凡少量物质进入机体后，能与机体组织发生化学或物理化学作用，并能引起机体暂时的或永久的病理状态者，称为毒物。所谓毒物也是相对的，如治疗药物超过一定剂量时便可造成中毒，而剧毒物质，有的也可用于治疗。生产性毒物，是指生产过程中使用、产生并能引起人体损害的化学物质。

生产性毒物的分类

1. 按存在形态分类

按存在形态，生产性毒物的分类如下。

（1）**固态**　例如，氰化钠、对硝基氯苯。

（2）**液态**　例如，苯、汽油。

（3）**气体**　在常温常压下呈气态的物质，如一氧化碳、氯气、氨气、硫化氢等。通常蒸气压高的液体（低沸点液体）也可呈气态毒物，如氯丙烯。

（4）**蒸气**　在常温常压下为固体或液体的物质，由固体升华或液体蒸发而形成的气体，称为蒸气。如苯蒸气、汽油蒸气、磷蒸气等。金属汞也可变成汞蒸气。

（5）**雾**　通常称为气溶胶，系指在悬浮于空气中的细小液滴，多为高沸点的液体加温蒸气然后冷凝而成。如各种酸蒸气冷凝的酸雾、喷漆作业中苯的漆雾等。

（6）**烟**　系指直径小于 $0.1\mu m$ 的飘浮于空气中的固体微粒。在冶炼金属时，高温熔化的金属散出蒸气，在空气中氧化凝聚而成，如熔铅时产生的铅烟。

（7）**气溶胶**　系指悬浮于空气中直径为 $0.001\sim100\mu m$ 的固体微粒，悬浮于空气中的粉尘、烟和雾等颗粒统称为气溶胶。有毒粉尘常在固体原料或成品的机械粉碎、碾磨或烘烤时形成，化工行业中常见的有含铅、含铬的颜料粉尘等。

由于行业不同、工种不同，接触毒物的形态也往往不同。也可有铅烟与铅尘之分。

2. 按化学构成分类

按化学构成，生产性毒物的分类如下。

（1）**金属与类金属**　如铅、汞、锰、砷、磷等。

（2）**有机化合物**　如苯、二硫化碳、苯胺、四氯化碳、汽油等。

（3）**高分子化合物有关单体**　高分子化合物是指高达几百乃至几百万的大相对分子质量的化合物。高分子化合物均由一种或几种单体经过聚合或缩合而成。前者如天然气、煤焦油、石油裂解气；后者如聚氯乙烯的单体氯乙烯、聚丙烯腈的单体丙烯腈、聚丙烯酰胺的单体丙烯酰胺。此外，如稳定剂、增塑剂、固化剂、引发剂、发泡剂、溶剂以及填料等助剂或辅料。

3. 按用途分类

按用途，生产性毒物的分类如下。

（1）**有机溶剂**　工业生产中经常应用的有机溶剂约有百余种。如芳香烃：苯、甲苯、二甲苯、乙苯、苯乙烯等；脂环烃：环己烷、环己酮、甲基环己酮、环己醇、甲基环己醇等。

（2）**农药**　农药是指用于防治危害农作物的害虫、病菌、鼠类、杂草及其他有害动植物和调节植物生长的药剂。如常见的杀虫剂：有机磷杀虫剂（如对硫磷、敌敌畏等）、有机氯杀虫剂（如滴滴涕、六六六等）、有机氮杀虫剂（如杀虫脒、巴丹）等。

（3）**化工原料**　无机化工原料，如三酸（盐酸、硝酸、硫酸）和二碱（纯碱、烧碱）；有机化工原料，如三苯（苯、甲苯、二甲苯）、三烯（乙烯、丙烯、丁二烯）、二醛（甲醛、丙烯醛）和二酚（酚、甲酚）。

4. 按对人体危害分类

按对人体的危害，生产性毒物的分类如下。

（1）**窒息性气体** 是指能使机体发生缺氧的气体，它可分为单纯性缺氧和化学性缺氧两大类。

（2）**刺激性气体** 是指对眼和呼吸道黏膜有刺激作用的化学性气体或蒸气。

（3）**主要作用于血液系统的毒物** 如苯、苯胺、砷化氢等。

（4）**主要作用于肝脏的毒物** 如四氯化碳、三氯乙烯、三硝基甲苯等。

（5）**可作用于心肌的毒物** 直接损害心肌的毒物有砷、钡、有机汞、氯乙烷等；间接损害心肌的毒物有一氧化碳、氨、有机氟的裂解气及热解物、裂解残液气等。

（6）**可作用于神经系统的毒物** 有金属及类金属，如铅、汞、锰及四乙基铅、有机汞、有机锡等；窒息性气体，如一氧化碳等；有机化合物，如二硫化碳、正己烷、丙烯酰胺等；农药，如有机磷、氟乙酰胺等。

生产性毒物的分布特点

（1）分布面广；

（2）多种毒物同时存在；

（3）接触毒物的浓度或剂量与工种有关。

毒物的危害

生产性有害物吸入人体后可引起急性或慢性中毒，有的有害物甚至可引起恶变，如白血病、癌等。具体来说，对人体的危害主要体现在对皮肤、眼睛的危害，以及对神经系统、呼吸系统、血液和心血管系统、消化系统、泌尿系统、生殖系统的损伤，还可能致突变、致癌、致畸。

（二）毒物危害的控制

职业危害因素的控制是"三级预防"中的第一级预防，旨在从根本上消除和控制职业病危害的发生，达到"本质安全"的目的，因此必须采取各种有效措施，保证目标的实现。具体措施可概括为以下几个方面。

1. 根除毒物

从生产工艺流程中消除有毒物质，可用无毒或低毒原料代替有毒或高毒原料，例如用有硅整流器代替汞整流器、用无汞仪表代替有汞仪表、使用苯作为溶剂或稀释剂的改为二甲苯作为稀释剂等。

2. 降低毒物的浓度

减少人体的接触水平，以保证不对接触者产生明显的健康危害，是预防职业中毒的关键。其中心环节是加强技术革新和通风排毒措施，将环境空气中的浓度控制在最高容许浓度以下。

3. 工艺、建筑布局

生产工序的布局不仅要满足生产上的需要，而且应当符合职业卫生要求。有毒物质逸散的作业，应当根据毒物的毒性、浓度和接触人数对作业区实行区分隔离，以免产生叠加影响。有害物质的发生源，应当布置在下风侧；如布置在同一建筑物内时，放散有毒气体的生产工艺过程应布置在建筑物的上层。对容易积存或被吸附的毒物如汞，可产生有毒粉尘飞扬的厂房、建筑物结构表面应当符合有关卫生要求，防止粘积尘毒及二次扬尘。

4. 必要的卫生设施

如盥洗设备、淋浴室、更衣室和个人专用箱。对能经皮肤吸收或局部作用危害大的毒物还应配备皮肤和眼睛的冲洗设施。

5. 个人防护

是预防职业中毒的重要辅助措施。个人防护用品包括呼吸防护器、防护帽、防护眼镜、防护面罩、防护服、防护手套和皮肤防护用品。选择个人防护用品应当注意防护用品的针对性、功效性。在使用时，应对使用者进行培训；平时要经常保养、维护，在使用前注意检查，确保其功效得到很好的发挥。

6. 职业卫生服务

健全的职业卫生服务在预防职业中毒中极为重要，职业卫生工作人员除积极参与以上工作外，应当对作业场所空气中毒物的浓度进行定期或不定期的检测、监测；对接触有毒物质的人群实施健康监护，认真做好上岗前、在岗期间的健康检查，排除职业禁忌，及时发现早期的健康病损，并采取有效的预防措施。

7. 职业卫生安全管理

管理制度不全、规章制度执行不严、设备维修不及时及违章操作等是造成职业中毒的主要原因。因此，采取相应的管理措施来消除职业中毒具有重要意义。依法申报、认真评估、科学监管、配合适当的宣传教育，使职业卫生管理人员行之有效地履行职业卫生管理职责，使有毒作业人员充分享有职业中毒危害的"知情权"，掌握职业中毒防护的基本技能，实现有关部门、人员共同参与的职业中毒危害预防、控制、消除管理体系。

三、高温危害及控制

(一) 高温作业及分类

在工业生产中，由于高温车间内存在着多种热源，或由于夏季露天作业受太阳热辐射的影响，常可产生高温或高温高湿或高温伴强热辐射等特殊气象条件。在这种环境下进行生产劳动，通称为高温作业。我国制定的高温作业分级标准规定：工业企业和服务行业工作地点具有生产性热源，其气温等于或高于本地区夏季室外通风设计计算温度2℃的作业，列为高温作业。

1. 高温作业的基本类型

高温作业按其气象条件的特点可分为三个基本类型。

(1) 高温强辐射作业　如冶金工业的炼焦、炼铁、炼钢、轧钢间；机械制造工业的铸造、锻造、热处理等班组；陶瓷、砖瓦等工业的炉窑班组。这类作业的气象特点是气温高、热辐射强度大，而相对湿度较低，形成干热环境，人在此环境下劳动时会大量出汗，如通风不良，则汗液难于蒸发，就可能因蒸发散热困难而发生蓄热和过热。

(2) 高温高湿作业　其气象特点是气温、湿度均高，而辐射强度不大。人在此环境下作业，即使温度不很高，但由于蒸发散热极为困难，虽大量出汗也不能发挥有效散热作用，易导致体内热蓄积或水、电解质平衡失调，从而发生中暑。

(3) 夏季露天作业　如建筑、搬运等作业的高温和热辐射主要来源是太阳辐射。夏季露天作业时还受地表和周围物体二次辐射源的附加热作用。露天作业中的热辐射强度虽较高温班组为低，但其作用的持续时间较长，且头部常受到阳光直接照射，加之中午前后气温升高，此时如劳动强度过大，人体极易因过度蓄热而中暑。

2. 高温环境下发生的急性疾病——中暑

按发病机理可分为热射病、日射病、热衰竭和热痉挛。为使企业在职业病登记和报告中易于识别，在《防暑降温措施暂行办法》中将中暑分为如下三种。

（1）先兆中暑　在高温作业过程中出现头晕、头痛、眼花、耳鸣、心悸、恶心、四肢无力、注意力不集中、动作不协调等症状，体温正常或略有升高，但尚能坚持工作。

（2）轻症中暑　具有前述症状，而一度被迫停止工作，但经短时休息，症状消失，并能恢复工作。

（3）重症中暑　具有前述中暑症状，被迫停止工作，或在工作中突然晕倒，皮肤干燥无汗，体温在 40℃ 以上或发生热痉挛。

（二）高温作业对机体的影响

机体产热与散热保持相对平衡的状态称为人体的热平衡。人体保持着恒定的体温，这对于维持正常的代谢和生理功能都是十分重要的。在通常情况下，散热的形式是辐射、传导和对流。在高气温、强辐射和高气湿为特点的高温环境中作业时，劳动者的辐射散热和对流散热发生困难，散热只能依靠蒸发来完成。在高气温、高气湿条件下工作时，不仅辐射散热、传导散热和对流散热无法发挥作用，而且蒸发散热也受到阻碍。

1. 气温和体温

在高温作业环境下作业，体温往往有不同程度的增加，皮肤温度也可迅速升高。在高温环境中，人体为维持正常体温，通过辐射和对流使皮肤的散热增加，另外还可以通过汗液蒸发使人体散热增加。

2. 水盐代谢

在常温下，正常人每天循环的水量为 2～2.5L。在炎热季节，正常人每天出汗量为 1L，而在高温下从事体力劳动，排汗量会大大增加，每天平均出汗量达 3～8L。由于汗的主要成分为水，同时含有一定量的无机盐和维生素，所以大量出汗对人体的水盐代谢产生显著的影响，同时对微量元素和维生素代谢也产生一定的影响。当水分丧失达到体重的 5%～8% 而未能及时得到补充时，就可能出现无力、口渴、尿少、脉搏增快、体温升高、水盐平衡失调等症状，使工作效率降低。

3. 消化系统

在高温条件下劳动时，体内血液重新分配，皮肤血管扩张，腹腔内脏血管收缩，这样就会引起消化道贫血，可能出现消化液（唾液、胃液、胰液、胆液、肠液等）分泌减少，使胃肠消化过程所必需的游离盐酸、蛋白酶、脂酶、淀粉酶、胆汁酸的分泌量减少，胃肠消化机能相应地减退，同时大量排汗以及氯化物的损失，使血液中形成胃酸所必需的氯离子储备减少，也会导致胃液酸度降低，这样就会出现食欲减退、消化不良以及其他胃肠疾病。由于高温环境中胃的排空加速，使胃中的食物在其化学消化过程尚未充分进行的情况下就被过早地送进十二指肠，从而使食物不能得到充分的消化。

4. 循环系统

在高温条件下，由于大量出汗，血液浓缩，同时高温使血管扩张，末梢血液循环的增加，加上劳动的需要，肌肉的血流量也增加，这些因素都可使心跳过速，而每搏心跳输出量减少，加重心脏负担，血压也有所改变。

5. 神经系统

在高温和热辐射作用下，大脑皮层调节中枢的兴奋性增加，由于负诱导，使中枢神经系统运动功能受到抑制，因而，肌肉工作能力与动作的准确性、协调性、反应速度及注意力均降低，易发生工伤事故。

6. 泌尿系统

由于大量水分经汗腺排出，肾血流量和肾过滤率下降。如不及时补充，可出现肾功能不全，尿中出现蛋白、红细胞等。

7. 其他

此外，高温也可以使机体的免疫力降低，抗体形成受到抑制，抗病能力下降。

（三）高温危害控制

1. 技术措施

（1）合理设计工艺流程　合理设计工艺流程，改进生产设备和操作方法是改善高温作业劳动条件的根本措施。对热源的布置应符合下列要求：①尽量布置在车间外面；②采用热压为主的自然通风时，尽量布置在天窗下面；③采用穿堂风为主的自然通风时，尽量布置在夏季主导风向的下风侧；④对热源采取隔热措施；⑤使工作地点易于采用降温措施，热源之间可设置隔墙（板），使热空气沿隔墙上升，经过天窗排除，以免扩散到整个车间；⑥热成品和半成品应及时运出车间或堆放在下风侧。

（2）隔热　隔热是防止热辐射的重要措施，尤其以水的隔热效果最好，水的比热容大，能最大限度地吸收辐射热。

（3）通风降温

① 自然通风　通过门窗和缝隙进行自然通风换气，但对于高温车间仅靠这种方式是远远不够的。

② 机械通风

a. 采用局部或全面机械通风或强制送入冷风来降低作业环境温度。

b. 在高温作业厂房，修建隔离操作室，向室内送冷风或安装空调。

2. 保健措施

（1）给饮料和补充营养　高温作业工人应该补充与出汗量相等的水分和盐分，饮料的含盐量以 0.15%～0.2% 为宜，饮水方式以少量多次为宜；适当增加高热量饮食和蛋白质以及维生素和钙等。

（2）个人防护　高温作业工人的工作服，应以耐热、热导率小而透气性能好的织物制成，按照不同工种需要，还应当配发工作帽、防护眼镜、面罩、手套、鞋盖、护腿等个人防护用品。

（3）加强医疗预防工作　对高温作业工人应该进行就业前和入暑前体格检查，凡有心血管系统器质性疾病、血管舒缩调节机能不全、持久性高血压、溃疡病、活动性肺结核、肺气肿、肝病、肾病、明显内分泌疾病（如甲状腺机能亢进）、中枢神经系统器质性疾病、过敏性皮肤疤痕患者、重病后恢复期及体弱者，均不宜从事高温作业。

3. 组织措施

（1）加强领导，改善管理，严格遵守国家有关高温作业卫生标准搞好防暑降温工作，如按照《高温作业分级》（GB/T 4200—1997）中的方法和标准，对本单位的高温作业进行分级和评价，一般应每年夏季进行一次。

（2）宣传防暑降温和预防中暑的知识。

（3）合理安排工作时间，避开最高气温。轮换作业，缩短作业时间。设立休息室，保证高温作业工人有充分的睡眠和休息。

四、非电离辐射危害及控制

辐射是一种自然现象，辐射现象的发生根本上源于物质的原子结构及其发射特性。自然界中的一切物体，只要其温度在绝对温度零度以上，都能以电磁波的形式时刻不停地向外传送着热量，这种传送能量的方式就是辐射。物体通过辐射所放出的能量，称为辐射能，简称辐射。辐射是自然界中的一种普遍现象，我们时刻都处在辐射环境中，辐射已成为当今社会的第四大污染。

自然界常见辐射及其分类如下。

（1）来自太阳的红外辐射、紫外辐射　这种辐射经过大气层、特别是臭氧层的吸收和阻挡，对人类已影响不大，但若日照时间过长，也会构成一定危害。特别是人类活动对臭氧层的破坏，将会对人类的生存构成威胁。

（2）来自宇宙空间的宇宙射线、γ射线　其变化有时会对人类的活动（如通信）产生影响。

（3）地壳中各种放射性元素产生的本底辐射　这种辐射在大部分地区都是安全的，一般人类已经适应，但局部地区会超过环境卫生标准，如我国广东省的阳江地区。在铀矿和部分非铀矿山的开采过程中，该辐射不可忽视。

（4）人类活动产生的各种电磁波辐射　如各类无线电信号、医学透视、家用的微波炉、电磁灶、工业生产中的辐射源等。

从卫生防护角度出发研究辐射，一般按辐射对人体的伤害机理（生物学作用机理）不同，将其分为电离辐射和非电离辐射两类。

（一）非电离辐射及其危害

非电离辐射是指波长大于100nm的电磁波，由于其能量低，不能引起水和组织电离，故称为非电离辐射。非电离辐射包括可见光和电磁辐射。非电离辐射对人体的生物学效应与其物理特性有密切关系，特别是与其光子的能量、波束的功率和穿透组织的能力有关。另外，辐射能在组织中的吸收程度、单一波长（单色）或宽频谱、相干光或非相干光、光束或场源是扩散的还是点源等因素，都可影响其对机体作用的强弱。在工程防护上具有实际意义的非电离辐射是无线电波的高频波段和红外线、紫外线等。

1. 高频电磁场与微波辐射对机体的影响

较大强度的无线电波对机体的主要作用是引起中枢神经系统的机能障碍，临床表现主要为神经衰弱症候群，以头昏、乏力、睡眠障碍、记忆力减退为常见的症状。此外，还可能有情绪不稳定、多汗、脱发、消瘦等症状。较具有特征的是植物神经功能紊乱，主要反映在心血管系统，以副交感神经反应占优势者为多。主要呈现心动过缓、血压下降，心率每分钟60次以下，收缩压低于13.3kPa。但在大强度影响的后阶段，有的则相反呈心动过速、血压波动及高血压的倾向。

微波通常是指频率小于光辐射、大于无线电波的电磁波。其物理效应主要是热作用。不同频率，人的耐受限度不同，不同体表位置耐灼痛阈值也有差别。微波对人体伤害最主要是眼，其次为睾丸和皮肤（大强度时）。当微波不直接照射眼睛时，功率达到一定量，暴露 2 个月，可导致白内障。长期接触大强度微波的部分人员中，可发现晶状体点状或小片状混浊，也有白内障病例的个案报告。

无线电波生物学作用的机理目前还不很清楚，有致热效应说与非致热效应说。

作为一般规律，无线电波的生物学活性随波长的缩短而递增，即微波＞超短波＞短波＞中长波，但在微波波段以厘米波危害最大。场强越大，作用时间越长，作用间歇期越短，对机体影响越严重。脉冲波对机体的不良影响比连续波严重。

2. 紫外辐射对机体的影响

自然界中的紫外线主要来自太阳辐射，对人体健康起着积极作用，如适量的紫外线照射可预防小儿佝偻病的发生。但在生产环境中，接触过强的紫外线可对机体产生危害，特别是对眼睛的损伤。凡物体温度达 1200℃ 以上时，辐射光谱中即可出现紫外线。随着物体温度升高，紫外线的波长变短，其强度也增大。紫外线对人的伤害主要是人的眼角膜和人体皮肤。

不同波长的紫外线为不同深度的皮肤组织所吸收。紫外线对皮肤伤害主要是引起红疹、红斑、水疱，严重的可有表皮坏死和脱皮。有时有头疼、眩晕、疲倦、体温升高等全身症状。红斑潜伏期为数小时，色微红，界限分明，在停止照射后数小时至数天内消退。过度的紫外线暴露能引起皮肤损伤，发生弥漫性红斑，有痒感或烧灼感，并可形成小水泡相水肿。紫外线可致使生成黑色素，留有色素沉着。国外报道，长期接触紫外线可诱发皮肤癌，并已由动物实验证实。

紫外线伤害角膜引起羞光性眼炎、角膜白斑伤害、流泪、结膜充血、疼痛、睫状肌抽搐。角膜的病理变化是出现白斑，严重者可导致白内障。这种伤害通常发生在暴露后 6～12h。

另外，激光对眼睛、皮肤也有一定的伤害。

（二）非电离辐射的控制

（1）关于紫外辐射的防护相对而言较为简单，喜欢日光浴的人很早就知道，任何不透明的物质都会吸收紫外光。由工业过程中发出的紫外辐射可以用屏蔽及隔离的办法加以隔绝，虽然不同的屏蔽材料，其吸收能力会有差别。使用发射紫外辐射设备的人（如焊工），可以用防护镜及防止烧伤的防护服来保护自己。作业人员的助手常暴露在有害紫外辐射环境中，所以也需要类似的防护。

（2）可见光自然可以用眼睛来探测，眼睛本身也有两种保护的器官：眼睑及虹膜，因为眼睑可以在 150μs 内做出反应，通常这种速度是足够的。在现实生活中，存在着大量的强光，会造成眼的伤害及头痛。基本的预防措施包括对强光源的限制和使用护目镜。

（3）红外辐射造成的问题主要是热效应，包括烧伤、出汗及人体缺乏盐分而出现的抽筋、疲劳及热痉挛。衣服及手套可以保护皮肤，不过如果事先识别这种危害并限制其影响，可以免去使用个体防护的不便。

（4）对于激光作业危害的控制，主要是不要让射线直接或通过反射射到人体上来。危害的作用取决于激光输出的功率，但是即使是极小能量的激光束，当其照射到人体上，特别是眼上时，也存在潜在的危害。使用激光作业的工人应该了解他们使用设备的潜在危险性，他们应该经过培训和考核。如果射线不能完全被封闭在管内，作业人员就必须佩戴与其所操作的激光种类相适配的眼保护装备。作业场所要有明确的标志，使得在作业期间无关人员不能入内。激光照射的目标要求没有反射面，同时还要注意那些四周可能反射激光束的物体，采取相应的措施。激光照射目标也有可能散发有毒气体，因此，要考虑作业场所的通风问题。还要注意的是，激光束在使用时不能晃动，因此，随时都需要有人在场。

（5）产生微波辐射的设备可以用封闭的方法来保护使用者免受伤害。如果微波设备的功能及尺寸使其不易封闭，那就要对正在工作的微波装置及其附近区域出入及工作的人员加以限制。金属工具、易燃易爆材料不允许放在微波设备形成的电磁场区域内。对于微波设备，应配有预警装置的部件。现在，商用的厨房设备在功率上是受到限制的，同时有相应的产品标准，门要加以密封。即使如此，为保证其在使用中不出故障及防止超期使用，制造商应定期检查及保养。

五、电离辐射危害及控制

电离辐射是一切能引起物质电离的辐射的总称，是一种有足够能量使电子离开原子所产生的辐射。自然界中主要的电离辐射来源于一些不稳定的原子，这些不稳定的原子（指放射性核素或放射性同位素）为了变得更稳定，原子核自发地释放出次级和高能光量子（γ射线）并蜕变成另一种元素的原子核，这一过程称为放射性衰变。例如，自然界中存在的天然核素镭、铀、钍等。此外，人类活动（例如在核反应堆中的原子裂变）和自然界活动也释放出电离辐射。在衰变过程中，辐射的主要产物有α、β、γ射线。X射线是另一种由原子核外层电子引起的辐射。

（一）电离辐射的分类

1. α衰变

不稳定的原子核自发地放出α粒子而变成另一种核叫α衰变。α粒子是带正电的高能粒子，由两个中子和两个质子组成，带两个正电荷。由于其能量大，所到之处很容易引起生物体的电离。所谓电离就是由于带电粒子的作用使围绕原子核运动的被束缚电子摆脱束缚而变成自由电子，此时原子就带有电荷，称为离子。α粒子的这种强电离作用对人体内组织的破坏能力很大，长期作用能引起组织伤害甚至导致癌变的发生。大量的α粒子流就是α射线也即α辐射，由于α粒子在穿过介质后迅速失去能量，所以不能穿透很远。但是，在穿入组织（即使是不能深入）也能引起组织的损伤。α粒子在空气中的射程只有几厘米，一张薄纸就能挡住它，使其无法穿透。

2. β衰变

β衰变时放出的β粒子实际上是电子。静止时质量等于电子。β射线是一种带电荷的高速运行的粒子，其电离作用比α射线小得多，但比α射线有更强的穿透力。一些β射线能穿透皮肤，引起放射性伤害，射线一旦进入体内引起的危害更大。β粒子能被体外衣服消减或阻挡，一张几毫米厚的铝箔可将其完全阻挡，防护较为容易。

3. γ射线

γ射线是伴随α、β衰变放出的一种波长很短的电磁波，同可见光、X射线一样，γ射线是一种光量子。它既不带电荷，又无质量，但具有很强的穿透力。γ射线能轻易穿透人的身体，对人体造成危害。1m以上厚度的混凝土能有效地阻挡γ射线。

4. X 射线

X 射线是带电粒子与物质交互作用产生的高能光量子。X 射线与 γ 射线有许多类似特性，但它们起源不同。X 射线由原子外部引起，而 γ 射线由原子内部引起。X 射线比 γ 射线能量低，因此穿透力小于 γ 射线。X 射线被广泛用于医学和工业生产中，是人造辐射的重要来源。几毫米厚的铅板能够阻挡住 X 射线。

（二）电离辐射的危害

电离辐射广泛用于医学、工业等领域。人造电离辐射主要用于医用设备（例如医学及影像设备）、研究及教学机构、核反应堆及其辅助设施，如铀矿以及核燃料厂等。上述设施还能产生放射性废物，其中一些会向环境中泄漏出一定剂量的辐射。放射性材料也广泛用于人们日常的活动中，如荧光粉、釉料陶瓷、火灾烟雾探测等。若干受天然辐射源照射的人员，如喷气飞机高空飞行中机上工作人员也会受到宇宙射线的照射，又如非铀矿山的作业人员工作中会受到氡气的照射等。

人体接受过量的电离辐射照射可招致严重的后果。受各种电离辐射源照射而发生的各种类型和程度不同损伤（或疾病）的总称为放射性疾病，包括全身性放射性疾病，如急、慢性放射病；还有局部放射性疾病，如急、慢性放射性皮炎及放射性白内障；最后是放射性辐射所致远期损伤，如放射线所致的白血病。职业原因引起的放射性疾病为国家法定职业病。

电离辐射能引起细胞化学平衡的改变，某些改变会引起癌变。电离辐射还能引起体内细胞中遗传物质的变异或损伤，这种影响甚至可能传到下一代，导致新生一代发生先天性畸形、白血病等。在大剂量辐射的照射下，人体也可能在几小时或几天内发生病变，甚至死亡。

1. 外照射伤害

除核工业的铀矿开采和部分非铀矿山外，外照射不会成为普遍的危害。外照射主要是指 γ 射线的辐射。只有当工作场所有足够数量的放射性物质及放射性强度时才构成对人的外照射危害。放射性物质的开采、加工、提纯、贮存等工作场所，γ 辐射的外照射强度可能达到危险的程度，应加强监测和防护工作。外照射伤害大致分为两种类型，即急性外照射放射病和慢性外照射放射病。

急性外照射放射病是短时间内大剂量电离辐射作用于人体而引起的全身性疾病。在大多数情况下，大剂量的急性照射能立即造成损伤，并产生慢性损伤，如大面积出血、细菌感染、贫血、内分泌失调等；后期效应可能引起白内障、癌症、DNA 变异，极端剂量能在很短的时间内致人死亡。根据受照剂量的大小，急性放射病分为造血型、肠型、脑型三种类型。

2. 内照射伤害

所谓内照射伤害，是指放射性物质进入人体内部产生的照射伤害，而能有机会进入人体的放射性物质主要是放射性元素氡以及粉尘状含放射性物质的微粒。

内照射效应主要指吸入具有辐射能的放射性微粒后，放射性物质对人体组织、器官施加辐射所造成的后果。由于地壳内普遍存在着放射性元素，在矿物开采和加工时，就会有放射性微粒飞扬出来形成放射性粉尘；另外，放射性元素在自然界存在铀镭系、钍系和锕系 3 个天然衰变系，它们按其固有的规律进行衰变，其定变顺序和速率不是物理或化学的方法所能改变的。

（三）电离辐射防护

1. 外照射防护技术措施

外照射的特点是：受照量具有积累效应；越接近辐射源受到照射的危害就越大，远离辐射源就少受照射或不受照射；用屏蔽物阻挡，也能避免或减少所受的照射。因此外照射的防护可以采取时间、距离、屏蔽三个方面的防护措施。

（1）时间防护　缩短受照时间是最为简易而有效的防护措施之一。作业时在辐射源附近必须尽可能驻留更短的时间，以减少辐射源的照射。外照射累积剂量与被照射的时间一般成正比，因此在不影响工作的原则下，应尽可能减少受照时间。现场还可通过周密的工作计划、充分的技术准备和熟练的操作程序来实现减少受照时间的目的。如果一个人操作时间太长，可以采取由数人轮流操作的方法，以控制和减少个人的受照时间。

（2）距离防护　根据反平方定律，接受辐射的强度与到辐射源中心距离（半径）的平方成反比，因此越远离辐射源，受到的照射越少。在实际工作中常使用远距离操作器械，如使用机械手、自动化设备或遥控装置等，使操作者尽可能远离辐射源。

（3）屏蔽防护　在实际工作中单靠时间和距离防护，有时达不到安全防护的要求，因此，根据射线通过物质后其强度会被减弱的原理，可在辐射源与工作人员之间设置屏蔽、遮挡物，以减少、隔绝或消除射线的照射。根据防护要求的不同，屏蔽物可以是固定式的，也可以采取移动式的。

根据射线种类的不同，所需的屏蔽物材料的种类也有差别。防 γ 射线和 X 射线可用铅、铁、铅玻璃、混凝土等；防 β 射线可用铝、有机玻璃等；防中子辐射可用石蜡、硼酸、水等。

上述的防护原则和手段，适用于贯穿本领较大的 γ 射线、X 射线、中子流和硬 β 射线。α 射线因其穿透能力很小，故一般不考虑其外照射的防护。

2. 内照射防护技术措施

氡是内照射防护主要的对象物。

（1）机械通风　矿山设计时，开拓方案和采矿方法都必须为放射性辐射防护创造条件，首先必须考虑采用机械通风排氡的方法，这是最有效、最基本的氡污染的预防方法。因为，氡子体是由氡衰变而来的，将氡气排出就消除了氡子体的来源。此外还应注意矿山通风路线不能过长，以防止氡子体的不断生长而使风流成为高浓度氡子体污染的废风流。在放射性防护通风上将风流在井下流经的时间称为"风龄"。另外，还可采取分区通风、防止串联、防止形成贯通风流、防止漏风、提高有效通风效率等措施，减少"风龄"，防止放射性污染范围的扩大。

（2）空气净化　对于通风系统不能发挥作用的局部地区，可采用局部净化方法除去空气中的氡子体。

把空气净化器安装在工作区域内，净化器入口吸入含氡及氡子体的污浊风流，过滤净化后由出口送出清洁空气供给作业空间内的人员使用。空气净化器有静电式、过滤式以及静电过滤复合式等。滤除空气中的亚微米级粒子就可以基本除去氡子体。应当注意，一般的工业除尘过滤方法对净化氡子体的效果是很差的，因为这些方法不能有效地去除亚微米级粉尘颗粒。

（3）氡源隔离　存在氡气高析出情况的矿山，则必须采取多种措施，以降低岩壁和矿石的氡析出量。在矿石氡富集地带，应尽量减少巷道探矿，用孔探法代替坑探，减少岩矿暴露表面；在矿壁上喷涂水玻璃、聚氨酯泡沫、乳液薄膜、泥浆等防氡保护层，可使氡析出率降低50％以上。我国试用的偏氯乙烯乳化液封闭矿岩暴露面，可使氡的析出量减少70％；优选采矿方法，根据矿床特征、顶底板围岩性质选择使矿体暴露面积最小、矿石损失贫化率低、矿石破碎率低、矿石在采场停留时间短、有贯穿风流的采矿方法等是降低氡辐射危害的有效工艺措施。及时密闭采空区、封闭废旧巷道以减少氡从采空区的涌出，是老旧矿井氡源隔离、防氡的首选措施。

（4）加强个人防护　内照射辐射危害的源头是吸入放射性颗粒物。因此，预防措施首先应注意防止放射性物质从呼吸系统、消化系统或皮肤、伤口等途径进入人体内，其中最主要的是呼吸防护。

现场用于放射防护的用具主要包括口罩、工作服、靴子、手套等。工作后在规定的场所更衣、淋浴，是防止放射性物质带至公共场所或带回家中的重要措施。

（5）做好防尘工作　放射矿尘的危害不仅可因粉尘中的游离二氧化硅导致矿工患尘肺病，更主要的危害在于粉尘成分中存在的放射性同位素。氡及其子体附着在呼吸性粉尘上又可形成极细的气溶胶，使其到达肺脏深部的可能性增大，不仅加速尘肺病的发生和发展，还有可能促进矿工肺癌的发生。可以说为了最有效地防止氡子体进入人体内而导致职业性放射病，就必须做好防尘工作。因此，存在放射性污染的矿山、选矿厂等必须高度重视并做好矿山防尘工作。

第二节　动作稳定测试

一、知识储备

动作稳定性是多项动作技能的重要指标。对动作稳定性的测定和训练，是许多工种特别是特殊工种的任务。通过实验仪器，可以测量出简单动作的稳定性及手和手臂的协调性，并能检验情感对动作稳定性的影响。

二、技能测试

（一）实验目的

测量简单动作的稳定性及手和手臂的协调性，检验情感对动作稳定性的影响。

（二）实验仪器材料

EP704A型凹槽平衡实验仪（图2-1）和EP704型九孔实验仪（图2-2），配EP001型计时计数器。

EP704A型凹槽平衡实验仪结构如图2-2所示。

（三）实验步骤

1. 凹槽平衡实验仪使用方法

（1）将连接插头插入计时计数器，将试棒的插头插入仪器的输入插口，打开计时计数器的电源开关，计时计数器显示000.00。

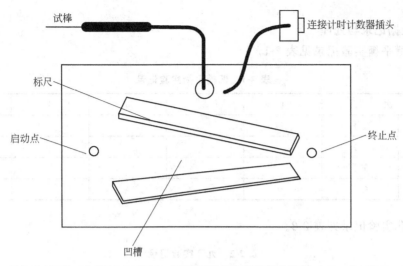

图 2-1　EP704A 型凹槽平衡实验仪的结构

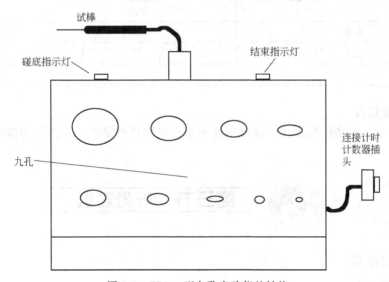

图 2-2　EP704 型九孔实验仪的结构

（2）以被试拿试棒接触一下仪器的启动点，计时计数器开始计时，试棒在凹槽从宽口处向窄口处移动，试棒不能离开镜面，如试棒碰到凹槽的边，计时计数器就计出错一次，当试棒移出凹槽的窄口碰到终点后，计时计数器停止工作，蜂鸣器鸣响，实验结束，按动计时计数器上的 N/T 按钮，获得实验的时间和出错次数。

2. 九孔实验仪使用方法

（1）将连接插头插入计时计数器，将试棒的插头插入仪器的输入插口，打开计时计数器的电源开关，计时计数器显示 000.00。

（2）以被试拿黑色试棒碰一下除最小孔以外的孔底（一般最大的孔），计时计数器计数开始，从大孔到小孔依次往下做，每次试棒伸入时，必须碰到底部，碰底指示灯亮。计时计数器出错一次，同时蜂鸣器鸣响，碰壁指示灯亮。当做到小孔时碰到孔底计数停止，结束指示灯点亮，同时蜂鸣器鸣响，实验结束，按动计时计数器上的 N/T 按钮，获得实验的时间和出错次数。

(四）数据记录与处理

（1）凹槽平衡实验记录见表 2-1。

表 2-1　凹槽平衡实验记录

项　次		1	2	3	4	5
时间	左手					
	右手					
出错次数	左手					
	右手					

（2）九孔实验记录见表 2-2。

表 2-2　九孔实验记录

项　次		1	2	3	4	5
时间	左手					
	右手					
出错次数	左手					
	右手					

(五）实验报告

比较左、右手的动作稳定性，通过训练动作稳定性是否提高，并撰写实验报告。

第三节　听觉测试

一、知识储备

(一）听觉定义

声波作用于听觉器官，使其感受细胞兴奋并引起听神经的冲动发放传入信息，经各级听觉中枢分析后引起的感觉。听觉是仅次于视觉的重要感觉通道。它在人的生活中起着重要的作用。人耳能感受的声波频率范围是 16～20000Hz，以 1000～3000Hz 最为敏感。除了视分析器以外，听分析器是人的第二个最重要的远距离分析器。

(二）听觉形成过程

外界声波通过介质传到外耳道，再传到鼓膜。鼓膜振动，通过听小骨传到内耳，刺激耳蜗内的纤毛细胞而产生神经冲动。神经冲动沿着听神经传到大脑皮层的听觉中枢，形成听觉。

声源→耳郭（收集声波）→外耳道（使声波通过）→鼓膜（将声波转换成振动）→耳蜗（将振动转换成神经冲动）→听神经（传递冲动）→大脑听觉中枢（形成听觉）。

在一般情况下，听觉的适宜刺激是频率为 16～20000 次/s（Hz）的声波，也叫可听声。

不过，不同年龄的人，其听觉范围也不相同。例如，儿童能听到 30000～40000Hz 的声波，50 岁以上的人只能听到 13000Hz 的声波。一般人对 16Hz 以下和 20000Hz 以上的声波，是难以感觉的。当声强超过 140dB（分贝）时，声波引起的不再是听觉，而是压痛觉。

听觉适应所需时间很短，恢复也很快。听觉适应有选择性，即仅对作用于耳的那一频率的声音发生适应，对其他未作用的声音并不产生适应现象。如果声音较长时间（如数小时）连续作用，引起听觉感受性的显著降低，便称作听觉疲劳。听觉疲劳和听觉适应不同，它在声音停止作用后还需很长一段时间才能恢复。如果这一疲劳经常性地发生，会造成听力减退甚至耳聋。如果只是对小部分频率的声音丧失听觉，叫做音隙。若对较大一部分声音丧失听觉叫做音岛。再严重就会完全失聪。

二、技能测试

（一）实验目的
通过声音对耳的刺激，测定听觉通道受声音刺激的反应快慢。

（二）实验仪器材料
该实验采用 BD-Ⅱ-116 型听觉测定仪。

（1）频率范围：64～16000Hz，分档与连续调节，实时显示。九个固定档频率（Hz）：64、128、256、512、1000、2000、4000、8000、16000，其频率误差小于 ±1％。

（2）波形非线性失真系数：≤0.5％。

（3）衰减器：0～100dB，每档 2dB。

（4）输出：4W，四路输出同时可供 4 付耳机使用。即仪器输出端可带 4 付耳机，可同时测试 4 个被试的听力曲线。

（5）声音分连续、间断两档，间断周期为 3s。

（6）可选择显示衰减 dB 值与声强 dB 值。

（7）输入电源：220V±10％，50Hz，功率 7W。

（三）实验步骤
（1）熟悉主试面板各键功能，接通 AC220V 电源，预热 15min 以上。

（2）在被试面板将耳机插入对应耳机插孔。

（3）被试者戴上耳机，背向主试和仪器。

（4）测定响度绝对阈限的步骤如下。

① 功频率选择：如选择仪器设定的固定频率可用波段开关拨至相应位置。如自行确定频率，可把波段开关拨至"连续"位置，调节"粗调"与"细调"频率的两个旋钮，依显示的频率值，选择测定声响的频率。

② 选择测试的右、左耳，可打开"右耳"或"左耳"开关，或两个都打开。

③ 选择"连续"或"间断"声响，开关拨向相应一方。选择"间断"声响，可有效判别听觉阈限左右的声响。

④ 旋转"声响调节"，增加或减少音量。每档增加或减少 2dB，测量时应分档缓慢转动。每 1s 才刷新一次音量 dB 的显示。

⑤ 音量初值有二档可选择，"高音量"为 0～66dB 衰减，"低音量"为 34～100dB 衰减。对于正常听力的测试，测试响度绝对阈限通常在"低音量"段。

⑥ 用渐增法测定：将声响强度衰减到被试者听不到处开始，逐渐减小衰减量（增强声响），当被试听到声音后，示意或回答，主试停止减小衰减量，此时的响度为该被试人员在此频率的听觉阈限值。

⑦ 用渐减法测定：步骤同⑥。只是将衰减器调到被试者能听到的强度后，再开始逐渐增大衰减量，直到被试人员听不到声音时停止。

（5）作响度绝对阈限曲线。仪器所附的耳机，经过了改装校正，确保在"0dB 衰减"时各频率相应的声响分贝（表 2-3）。

表 2-3　仪器所附耳机 "0" dB 衰减时各频率相应的声响分贝

频率 F/Hz	64	128	256	512	1000	2000	4000	8000	16000
声响 A_0/dB	68	72	79	83	85	82	74	70	48

某频率下衰减 "0" dB 的声响分贝数减去实际的衰减 dB，此值仪器能自动计算，dB 显示选择 "声响 dB" 即可，而数值就得到此频率下的声响 dB。"衰减 dB" 显示为负值。

这样可以方便地测量出被试人员在该频率下的响度绝对阈限值。测定各个频率点的响度绝对阈限，作出响度绝对阈限曲线。

（四）数据记录与处理（表 2-4）

表 2-4　各频率相应的总减分贝 A 测值

频率 F/Hz	64	128	256	512	1000	2000	4000	8000	16000
总减分贝 A 测(负值)/dB									

（五）实验报告

说明影响反应时的因素，并撰写实验报告。

第四节　反应时间测定

一、知识储备

反应时间，又称反应潜伏期，它是指刺激和反应的时间间距，是人体完整的反应过程所需的时间，它从刺激使感官感受，经神经系统传输、加工和处理，传给肌肉而作用于外界，这些过程都需要时间，其总和就是反应时间，简称"反应时"。

反应时等于知觉时加上动作时。听觉和知觉时一般为 0.115～0.185s；视觉时一般为 0.188～0.206s。各运动器官的动作时也不同：左手 0.144s、右手 0.147s、右脚 0.174s、左脚 0.179s，手的反应比脚的反应快。经过一定练习后，光的简单反应时一般为 0.2～0.25s，再练习后可能会降至 0.2s 以下，但无论如何练习不能减至 0.15s 以下。一般期待反应时比简单反应时要长 2～3 倍。选择时要比简单反应时长 0.0201～0.2s。

影响反应时间的因素众多，主要有适应水平、准备状态、练习数、动机、年龄因素和个体差异、酒精和药物作用等。

二、技能测试

(一) 实验目的

掌握声、光反应时及综合反应时的测定方法，了解反应时的生理意义。

(二) 实验仪器材料

BD-Ⅱ-511 型视觉反应时测试仪，可进行五大类十七组的反应时实验，包括经典反应时、简单反应时实验，也包括认识心理学的反应时实验。用于自动测量视觉的选择反应时、辨别反应时、简单反应时以及检测被试者的判别速度和准确性。

(三) 实验步骤

1. 刺激概率对反应时的影响

实验是用红色、黄色、绿色三种色光分别作为刺激，每次实验选用一种色光刺激，进行简单反应时测定。

实验次数可按实验需要选定。实验次数设定后，仪器根据设定的组别，自动确定该组实验中"红色"、"黄色"、"绿色"三种色光应出现的次数。按"红色"、"黄色"、"绿色"三种色光出现次数的不同比例（概率）共分四组实验，即"概率1（组别为1）"、"概率2（组别为2）"、"概率3（组别为3）"、"概率4（组别为4）"。

2. 数奇偶不同排列特征对反应时的影响

根据数排列特征不同分成三组实验如下。

"横奇偶"：数横向整齐排列——组别1；"竖差大小"：数竖向整齐排列——组别2；"随机大小"：数随机排列——级别3。

按主试面板的"数奇偶"键，选择相应组别。实验次数可按需要选定。实验用红色光刺激，刺激在显示屏两侧 4×4 点阵区内显示。被试判别显示点之和是奇数还是偶数，用反应手键回答。如左右刺激点数和为奇数，按"左"键；为偶数，按"右"键。回答正确，显示器自动显示每一次正确判断的反应时间；回答错误，蜂鸣声响提示，自动记录错误次数，实验结束，仪器自动显示正确回答的平均选择反应时及错误回答次数。标志位无显示。

3. 数差大小排列特征对反应时的影响

根据数排列特征不同分成三组实验如下。

"横差大小"：数横向整齐排列——组别1；"竖差大小"：数竖向整齐排列——组别2；"随机大小"：数随机排列——级别3。按主试面板的"数大小"键，选择相应组别。

实验次数可按需要选定。实验用红色光刺激，刺激在显示屏两侧 4×4 点阵区内显示。被试判别显示点左边显示点多还是右边多，用反应手键回答。如左边刺激多，按"左"键；右边多，按"右"键。回答正确，显示器自动显示每一次正确判断的反应时间；回答错误，蜂鸣声响提示，自动记录错误次数，实验结束，仪器自动显示正确回答的平均选择反应时，及错误回答次数。标志位无显示。

4. 信息量反应时的影响

根据刺激信息方式分二组实验。

信息量1：在显示屏中间随机显示红或绿"大"正方形——组别1。实验要求被试人员只对"红大正方形"反应，而对"绿大正方形"不反应。

信息量2：在显示屏左右两边随机显示4种正方形组合——红大红小、红小红大、绿大绿小、绿小绿大正方形——组别2。

实验要求被试人员进行反应的是"红色左大、右小正方形"或者"绿色左小、右大正方形"，而对于"红色左小、右大正方形"或者"绿色左大、右小正方形"不反应。实验测定的是辨别反应时，刺激呈现后作为辨别反应的称为正刺激，不作反应的称为负刺激。按主试面板的"信息量"键，选择相应组别。实验次数可按要求选定。实验用红色、绿色光刺激，被试辨别刺激是"正刺激"还是"负刺激"，如果是正刺激，回答可选用左右任一反应手键。出现负刺激不回答，2s自动显示正确回答的平均辨别反应时间及错误回答次数。标志位无显示。

5."刺激对"异同及时间间隔对反应时的影响

本实验采用4对字母刺激"AA"、"Aa"、"AB"、"Ab"，根据每对两个字母呈现时间的不同分为四组实验。

时距1：两字母同时呈现——组别1。

时距2：两字母呈现时间间隔为0.5s：第一个字母呈现2s后消失，隔0.5s呈现第二个字母——组别2。

时距3：两字母呈现时间间隔为1s：第一个字母呈现2s后消失，隔1s呈现第二个字母——组别3。

时距4：两字母呈现时间间隔为2s：第一个字母呈现2s后消失，隔2s呈现第二个字母——组别4。

按主试面板的"时距"键，选择相应组别。实验次数可按需要选定。实验用红色光刺激，刺激在显示屏座、右两侧呈现。被试依呈现内容，用反应手键回答。呈现"AA"、"Aa"，按"座"键，呈现"AB"、"Ab"，按"右"键。回答正确，显示器自动显示每一次正确判断的反应时间；回答错误，蜂鸣声响提示，自动记录错误次数。实验结束，仪器自动显示正确回答的平均选择反应时间及错误回答次数。标志位无显示。

(四) 实验操作方法

(1) 打开电源开关，接通电源。若选配有微型打印机，则需先给打印机装纸加电，并接好打印机与主机电缆。

(2) 自检：用此功能检查仪器好坏。按"自检"键，仪器进入自检状态。主试面板八位数码管同时依次显示0～7，与此同时被试面板显示屏分红色、黄色、绿色三色全屏显示及逐行显示。接着，被试面板显示屏分红色、黄色、绿色三色全屏显示及逐列显示，数码管标志位显示颜色标值，后二位显示列数。按"复位"键自检中断。

(3) 反应手键检测：按左键，数码管显示"12.345678"，按右键，数码管显示"87.654321"。

(4) 选择实验类型及组别：根据实验需要，按下主试面板实验类型选择键（"概率"、"数奇偶"、"数大小"、"信息量"、"时距"键），对应键上的灯亮，表示选择此类实验。再按该键，可以选择需要的组别，对应面板上相应"组别"灯亮。

(5) 选择实验次数：实验次数范围在10～255之间任意设置。

(6) 在实验正式开始之前，主试必须向被试说明实验内容与要求，反应的判别方式。被试者面对显示屏，左手握"左"回答手键，右手握"右"回答手键，做好回答准备。

（7）按"启动"键开始实验。实验开始后，被试注视显示屏，按要求进行回答，在回答正确的前提下，回答越快越好。回答正确，显示器自动显示每次回答的反应时间；回答错误，蜂鸣声响提示，记录一次错误次数。

（8）每次实验开始前有2s的预备。预备时，被试不能按下反应键，否则会出现蜂鸣声响提示，将重新开始预备。实验次数实时倒计时。实验结束，蜂鸣长声响，显示该组实验结果。

（9）"概率"实验结束后，按"＋"键，可分别显示本组实验中总的平均简单反应时与实验次数，以及红色、黄色、绿色三种色光的各自平均简单反应使及实验次数。显示中相应标准为0代表总平均，标志位1代表红色光，标志位2代表黄色光，标志位3代表绿色光。

（10）打印实验结果：每组实验后，如果已接好微型打印机，可按主试面板"打印"键，打印实验结果。包括每组实验的实验（Exp）类型（Ⅰ～Ⅴ）与组（1～4）、实验次数（N）、正确回答次数（Rigth No）、正确回答的平均反应时间（AVT）、错误回答次数（ERR. No）。5种实验类型的编码同"实验内容"。"概率"实验可分别打印出红（Red）、黄（Yellow）、绿（Green）三种色光的各自平均反应时及实验次数以及总平均反应时及实验总次数。

（11）一组实验结束后，换新的被试，若实验内容不变，主试只需要按下"启动"键，测试重新开始。如更换实验内容，请按实验类型选择键（"概率"、"数奇偶"、"数大小"、"信息量"、"时距"键）。设定组别，重新设定实验次数。

（12）复位：实验过程中，接"复位"键，实验停止。

（五）数据记录与处理（表2-5）

表2-5 反应时间测定记录

组别	刺激概率/s	数奇偶/s	数差大小/s	信息量/s	刺激对/s
1					
2					
3					
平均数					
标准差					

（六）实验报告

比较结果，分析影响反应时的因素，并撰写实验报告。

第五节 注意力集中测试

一、知识储备

注意力是指人的心理活动指向和集中于某种事物的能力。"注意"，是一个古老而又永恒的话题。俄罗斯教育家乌申斯基曾精辟地指出："'注意'是我们心灵的唯一门户，意识中的一切必然都要经过它才能进来。"注意是指人的心理活动对外界一定事物的指向和集中。具有注意的能力称为注意力。

测试采用 EP701C 注意力集中能力测试仪，它是根据体育运动心理训练的实践、心理学科研和实验及教学需要而设计的，可进行视觉动作学习和注意力测定，以达到培养运动员的注意力集中的能力和增强运动员抵抗外界干扰的能力。在测试过程中，本仪器能记录在预定时间内被测试人员动作失败（离靶）的次数，还能记录总的在靶时间，同时还可根据需要制造各种干扰因素，以测定在各种干扰环境下被测试人员的抗干扰能力。

二、技能测试

（一）实验目的

研究和测定各种职业人员的注意力集中水平。

（二）实验仪器材料

EP701C 注意力集中能力测试仪。

（三）实验步骤

（1）硬件连接：将 L 形光笔插头插入主机反面"光笔输入插座"处；如需干扰，则将耳机插头插入主机的"耳机输出"处；如需外接干扰信号，可通过 CSX3-3.5 型的立体声插头插入"干扰信号输入"处，插头的接线方法如图 2-3 所示；最后插上电源插头。

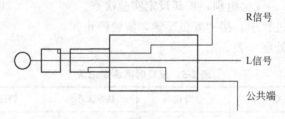

图 2-3　插头的接线方法

（2）打开电源开关，仪器自动进入上电复位状态（也可在任意时刻按红色"复位"键进行复位）。仪器面板上的转速显示"50"，定时"0030"，在靶时间显示"0000.00"，并且转速显示在不停闪烁。

（3）仪器进入转速设置及定时设置，此时仪器转速显示开始闪烁，被测试者按要求进行选择。例如，按标有 30 的键，则转盘速度是每分钟转 30 圈。完成转盘速度选择后，转速显示停止闪烁。

仪器定时显示开始闪烁，按定时定速键组的按钮，选择定时时间，在每个键的右下方标有"1、2、…、0"，按动相应的按钮，输入定时时间数值即可，如分别输入 1、3、5，即完成定时 135s。

此外，仪器也可按缺省运行，跳过定速、定时设置步骤，直接按"开始"键，仪器即按转速 50r/min，定时 30s 运行。

（4）调节干扰噪声声量旋钮，可改变干扰强度。

（5）被试按主试的要求将 L 形光笔头放在实验图形板的轨迹上的某一处（由主试确定）。

（6）主试按"开始"键，被试即可进行测试，被试手持 L 形光笔跟踪图形板下运动的红色接收靶，当光笔头第一次跟踪到红色接收靶时，仪器正式开始计时、计次。同时仪器发出"嘀嘀"两声，以示仪器开始正式测试。当定时结束后，仪器再次发出"嘀嘀"两声，以示结束。

（7）主试记录结果。

（8）当完成一次测试后，转速及定时时间显示闪烁。如再次按下"开始"键，仪器将以刚才的设置参数运行。

如需改变设置，则需按"复位"键进行复位，再重复步骤（3）。

（四）数据记录与处理

主试根据被测试者所选择的转速及定时记录统计其动作失败（离靶）次数及总的在靶时间，要求每位测试者测试 3 次（表 2-6）。

表 2-6 注意力集中测试记录

转速(圈/min)	定时/s	是/否干扰	动作失败(离靶)次数	总的在靶时间

（五）实验报告

分析数据并撰写实验报告。

第六节 暗适应测量

一、知识储备

从光亮处进入暗中，人眼对光的敏感度逐渐增加，约 30min 达到最大限度，称暗适应。暗适应是视细胞基本功能——感光功能的反映。在营养缺乏、眼底病变情况下，常有暗适应功能变化。暗适应测定是眼功能检查的重要项目之一。

二、技能测试

（一）实验目的

通过测定视觉细胞的暗适应过程，学习和掌握视觉细胞的暗适应过程的变化规律。

（二）实验仪器材料

暗适应仪。构造：电源开关、明灯刺激键（用于呈现明灯刺激）、暗适应反应键（用于暗适应过程中被试作出反应）、视标键（用于改变暗适应过程中的视标）、被试反应键（被试人员看到视标后报告"看到"的反应）、暗适应换挡键（改变暗适应窗口内光线的强度，0～6 档光强度逐渐减弱）、时间记录屏幕（记录被试报告看到视标时，暗适应的累加时间）。

（三）实验步骤

（1）关闭实验室所有光源，调好仪器。整个实验过程在没有光线的黑暗环境中进行。

（2）让被试人员坐在暗适应仪器窗口的一面，罩上头部，防止外界光线影响暗适应过程。

（3）主试按下"明灯"按钮，被试人员主试窗口内的明灯环境，同时，计时器开始自动计时，明灯刺激持续5min，关掉明灯，同时把暗适应按钮打到第一档（标记为0档），并告诉被试人员，如果看到窗口内视标，按反应键报告，并说明视标形状。如反应正确，记录持续的时间，接着马上把暗适应键打到第二档；如果反应错误，则仍用该档继续实验，直到被试人员正确判断为止。

（4）在测试被试暗适应的过程中，应不断变化视标（＋、＝ 等），防止被试人员猜测。

（5）如果暗适应时间累计超过60min，则停止试验。

（6）其余被试人员用同样的方法进行实验。

（四）数据记录与处理

结果累加时间记录在表2-7中。并根据实验记录结果，将累加时间转换为每档实际暗适应时间。

表2-7　暗适应测量记录表

被试	暗适应档及每档累加时间/min						
	0档	1档	2档	3档	4档	5档	6档
1							
2							
3							

（五）实验报告

绘出个人暗适应过程曲线，并加以解释；根据实验结果，描述两种视觉细胞的暗适应过程。撰写实验报告。

 习题

一、填空题

1. 职业健康是以职工的健康在职业活动过程中免受有害因素侵害为目的的工作领域及在＿＿＿＿＿、＿＿＿＿＿、＿＿＿＿＿、组织制度和教育等方面所采取的相应措施。

2. 法定职业病的条件为＿＿＿＿＿＿＿＿＿＿、＿＿＿＿＿＿＿＿＿＿、＿＿＿＿＿＿＿＿＿＿。

3. 2014年版职业病分类和目录中规定，职业病种类有＿＿＿类。

4. 粉尘的主要来源包括固体物料的机械粉碎和研磨、＿＿＿＿＿＿＿＿＿、＿＿＿＿＿＿＿＿＿和物质被加工时产生的蒸气在空气中的氧化和凝结。

5. 空气动力学直径小于＿＿＿＿＿以下的粒子可到达呼吸道深部和肺泡区，进入气体交换的区域，称为呼吸性粉尘。

6. 同一种粉尘在作业环境中浓度越高，暴露时间越长，对人体危害越＿＿＿＿＿。

7. 粉尘通过呼吸道、眼睛、皮肤等进入人体，其中以_____为主要途径。

8. 工业企业和服务行业工作地点具有生产性热源，其气温等于或高于本地区夏季室外通风设计计算温度2℃的作业，列为_____作业。

9. 自然界中的一切物体，只要其温度在绝对温度零度以上，都能以_____的形式时刻不停地向外传送着热量，这种传送能量的方式就是辐射。

10. 原子核自发地释放出次级和高能光量子（γ射线）并蜕变成另一种元素的原子核，这一过程称为_____。

11. 非电离辐射包括_____和_____。

12. _____是内照射防护主要的对象物。

13. 职业人群健康监护分为_____、在岗期间定期健康检查、_____、离岗后医学随访检查以及应急健康检查5类。

14. 动作稳定性可以测量出简单动作的_____及手和手臂的_____，并能检验情感对动作稳定性的影响。

15. 反应时间又称_____，它是指刺激和反应的_____间距，是人体完整的反应过程所需的时间，简称_____。

16. 影响反应时间的因素主要有_____、_____、_____、_____和个体差异、酒精和药物作用等。

17. 注意力是指人的_____指向和集中于某种事物的能力。

18. 暗适应是视细胞的基本功能即_____功能的反映。

二、判断题

1. 在工作过程中突发的任何疾病都属于职业病。（　　）

2. 职业卫生和职业安全都属于职业健康的范畴。（　　）

3. 预防职业病危害应遵循三级预防的原则。（　　）

4. 粉尘是指悬浮于空气中的液体微粒。（　　）

5. 高温不会对人体健康产生危害。（　　）

6. 太阳的紫外辐射属于电离辐射。（　　）

7. 放射矿尘的危害不仅可因粉尘中的游离二氧化硅导致矿工患尘肺病，更主要的危害在于粉尘成分中存在的放射性同位素。（　　）

8. 反应时间测定实验是用红色、黄色、绿色三种色光分别作为刺激，每次实验选用一种色光刺激，进行简单反应时测定。（　　）

9. 反应时主要指知觉时，动作时作为反应时的延迟不包括在内。（　　）

10. 从光亮处进入暗处，人眼对光的敏感度逐渐增加，约30min达到最大限度。（　　）

三、问答题

1. 什么是职业健康？

2.《中华人民共和国职业病防治法》中"职业病"的概念是怎样规定的？

3. 职业病的种类有哪些？

4. 职业病预防的原则有哪些？

5. 粉尘进入机体的途径有哪些？

6. 化学毒物的危害及控制措施有哪些？

7. 高温作业对机体有什么影响？

8. 什么是非电离辐射？

9. 什么是电离辐射？

10. 什么是内照射伤害？什么是外照射伤害？

第三章
职业安全

知识目标

1. 掌握物质燃烧的条件。
2. 掌握扑救典型物质火灾的方法。

能力目标

1. 能够利用物质的燃烧特征制定灭火方法。
2. 能够根据不同物质燃烧的特征合理地选择器材。
3. 能够根据生产环境特点合理选择防护用品。
4. 能够正确使用个人防护用品，正确进行应急疏散，模拟救生演练。

第一节　职业安全概述

随着科学技术的飞速发展，工业发展速度加快，重特大工业事故不断发生，已成为世界上最严重的问题之一，特别是石油化工和核能的和平利用兴起以后，重特大安全生产事故给企业甚至社会带来的危害更大。

职业安全，又名工业安全，是一种跨领域学科，横跨自然科学与社会科学，包括工业卫生、环境职业医学、公共卫生、安全工程学、人因工程学、毒理学、流行病学、工业关系（劳动研究）、公共政策、劳动社会学、疾病与健康社会学、组织心理学、工商心理学、科学、科技与社会、社会法及劳动法等领域的关注。

职业安全管理对于企业的生存和发展起着举足轻重的作用；企业的从业人员成为最重要的生产要素和安全要素，也是影响企业经济增长、稳定和谐的重要源泉。科学的职业安全管理有助于企业确定竞争优势，能够把握重要发展机遇。

一、安全管理及安全事故

（一）安全管理的性质

1. 长期性

安全生产问题产生于生产活动过程，存在于生产活动的始终。

2. 科学性

安全生产有它自身的规律性，它不会依人们的主观意志为转移，在生产实践中千万不能凭经验冒险蛮干，必须达到百分之百的把握，才能确保百分之百的安全。

3. 系统性

安全管理有自己的特点（特征）又渗透溶合于各项管理之中，这充分反映出安全管理的全面性、全员性和全过程性三个特点。要求全企业每个部门（全面性）、全体员工（全员性）共同的努力，涉及生产活动全部过程中（全过程）去。

安全生产方针，是我国对安全生产工作所提出的一个总的要求和指导原则，它为安全生产指明了方向。要搞好安全生产，就必须有正确的安全生产方针。

（二）我国的安全生产方针

我国的安全生产方针是"安全第一、预防为主、综合治理"。我国的安全生产方针从新中国成立初期至今大致经历了三次变化：1949～1983 年，方针为"生产必须安全，安全为了生产"；1984～2004 年，方针为"安全第一、预防为主"；2005 年至今安全生产方针是"安全第一、预防为主、综合治理"。

2005 年 10 月 11 日，中共中央第十六届五中全会通过的《中共中央关于制定十一五规划的建议》指出："保障人民群众生命财产安全。坚持安全第一、预防为主、综合治理，落实安全生产责任制，强化企业安全生产责任，健全安全生产监管体制，严格安全执法，加强安全生产设施建设。切实抓好煤矿等高危行业的安全生产，有效遏制重特大事故。"

（三）职业安全事故的起因和伤害方式

起因物是指导致事故发生的物体和物质；能直接引起伤害及中毒的物体或物质，称为致害物。重要的是了解起因物。

1. 职业安全事故的起因

在企业生产过程中，容易发生安全事故，导致人员伤害和设备损坏，"人-机（物）-环境"作为生产要素，是产生安全事故的主要原因。在分析事故发生的难易程度和事故损失大小，主要考虑的因素是起因物、致害物、伤害方式等因素，我国现行国家标准 GB 6441—86《企业职工伤亡事故分类》，将起因物分为 27 项，见表 3-1。

表 3-1　起因物分类

分类号	起因物名称	分类号	起因物名称
1	锅炉	15	煤
2	压力容器	16	石油制品
3	电气设备	17	水
4	起重机械	18	可燃性气体
5	泵、发动机	19	金属矿物
6	企业车辆	20	非金属矿物
7	船舶	21	粉尘
8	动力传送机构	22	梯
9	放射性物质及设备	23	木材
10	非动力手工具	24	工作面（人站立面）
11	电动手工具	25	环境
12	其他机械	26	动物
13	建筑物及构筑物	27	其他
14	化学品		

致害物的种类更多，共有 23 大类、106 小类，但均属于不同的起因物。

2. 伤害方式

伤害方式是指致害物与人体接触而造成伤害的方式。了解伤害方式有助于我们采取相应的防护措施。我国现行国家标准 GB 6441—86《企业职工伤亡事故分类》，将伤害方式主要分为 15 项，见表 3-2。

3. 事故的类型

为了规范生产安全事故的报告和调查处理，落实生产安全事故责任追究制度，防止和减少生产安全事故，2007 年 3 月 28 日国务院第 172 次常务会议通过《生产安全事故报告和调查处理条例》，自 2007 年 6 月 1 日起施行。

该条例中，根据生产安全事故造成的人员伤亡或者直接经济损失，将事故分为以下几个等级。

（1）特别重大事故，是指造成 30 人以上死亡，或者 100 人以上重伤（包括急性工业中毒，下同），或者 1 亿元以上直接经济损失的事故。

表 3-2　伤害方式分类

分类号	伤害方式	分类号	伤害方式
1	碰撞	8	火灾
1.1	人撞固定物体	9	辐射
1.2	运动物体撞人	10	爆炸
1.3	互撞	11	中毒
2	撞击	11.1	吸入有毒气体
2.1	落下物	11.2	皮肤吸收有毒物质
2.2	飞来物	11.3	经口
3	附落	12	触电
3.1	由高处坠落平地	13	接触
3.2	由平地坠入井、坑洞	13.1	高低温环境
4	跌倒	13.2	高低温物体
5	坍塌	14	掩埋
6	淹溺	15	倾覆
7	灼烫		

（2）重大事故，是指造成 10 人以上 30 人以下死亡，或者 50 人以上 100 人以下重伤，或者 5000 万元以上 1 亿元以下直接经济损失的事故。

（3）较大事故，是指造成 3 人以上 10 人以下死亡，或者 10 人以上 50 人以下重伤，或者 1000 万元以上 5000 万元以下直接经济损失的事故。

（4）一般事故，是指造成 3 人以下死亡，或者 10 人以下重伤，或者 1000 万元以下直接经济损失的事故。

二、安全色与安全标志

安全色标就是用特定颜色和标志，形象而醒目地给人以提示、提醒、指示、警告或命令。对企业工作人员在生产过程中的不安全行为和不安全状态发出警示性信号，使风险因素在过程管理中得到控制、纠正，起到信息交流、反馈、宣传、教育和警示的作用，持续促进生产场所安全文明施工管理水平的提高。

我国于 1982 年颁布了《安全色》和《安全标志》两个标准。近年又作了部分修改，现已逐步完善规范。

（一）安全色与对比色

1. 安全色

安全色就是用特定的颜色来表达"禁止"、"警告"、"指令"和"提示"等安全信息含义的颜色。我国采用红色、黄色、蓝色、绿色四种颜色来表示。其含义和用途如表 3-3 所示。

2. 对比色

对比色是为了使安全色衬托得更醒目，规定用白色、黑色作为安全色的对比色。黄色对比色为黑色；红色、蓝色、绿色的对比色为白色。黄色与黑色对比色表示警告危险，如工矿企业内部的防护栏杆、铁路和公路交叉路口上的防护栏杆、期中机吊钩、平板拖车排障器、

表 3-3 安全色的含义及用途

颜色	含义	用途举例
红色	禁止	禁止标志
	停止	停止信号;机器、车辆上的紧急停止手柄或按钮,以及禁止人们触动的部位
		红色也表示防火
蓝色	指令必须遵守的规定	指令标志;如必须佩戴个人防护用具,道路上指引车辆和行人行驶方向的指令
黄色	警告	警告标志
		警戒标志;如厂内危险机器和坑池边周围的警戒线行车道中线
		机械上齿轮箱内部
绿色	注意	安全帽
	提示	提示标志
	安全状态	车间内的安全通道
	通行	行人和车辆通行标志
		消防设备和其他安全防护设备的位置

低管道等方面;红色与白色对比色表示禁止通过,如交通、公路上用的防护栏杆以及隔离墩;蓝色与白色对比色表示指标方向,如交通指向导向标。

(二) 安全标志

安全标志是由安全色、几何图形和图形符号构成。其目的就是要引起人们对不安全因素的注意,预防发生事故。

国家标准的安全标志共分成四大类,即禁止、警告、指全和提示,并用四个不同的几何图形表示,见表 3-4。

表 3-4 安全标志说明

标志类型	含义	基本型式	例图
禁止标志	禁止人们不安全行为图形标志	带斜杠的圆边框	标志名称:禁止合闸 使用:设备或线路检修时,相应开关附近
警告标志	提醒人们对周围环境引起注意,以避免可能发生危险图形标志	正三角形边框	标志名称:当心腐蚀 使用:有腐蚀性物质的作业地点

标志类型	含义	基本型式	例图
指令标志	强制人们必须做某种动作或采取防范措施的图形标志	圆形边框	标志名称:必须戴防护眼镜 使用:对眼睛有伤害的各种作业场所和施工场所
提示标志	向人们提供某种信息图形标志	正方形边框	标志名称:避险处 使用:铁路桥、公路桥、矿井及隧道内躲避危险的地点

（三）化工管道涂色

这种涂色与安全色的含义截然不同，不能称为安全色标。但在实际使用中，对方便操作、排除故障、处理事故都有重要的作用。在实际生活和生产中，我们为了能正确地识别某种物质，用不同的颜色分别表示一些较危险物质和危险物体。

草绿色表示液氯钢瓶、黄色表示液氨钢瓶、天蓝色表示氧气钢瓶、黑色表示氮气钢瓶等。化工设备上用红色表示高压蒸汽管、黄色表示氨气管、绿色表示水管、黑色表示排污管、蓝色表示氧气管、白色表示放空管等。

在化工生产中，根据设备管理要求和工艺要求，国家规定了设备管道的保温油漆规程。对涂色、注字、箭头等都有详细明了的规定。

电气设备根据要求也进行涂色，如开关的按钮，绿色（开），红色（关）。对四根相线进行涂色，表示相属。见表 3-5 所示。

表 3-5　电气设备相线与涂色

相线	涂色
A 相母线	黄色
B 相母线	绿色
C 相母线	红色
D 地线	黑色

三、防火防爆

火灾爆炸事故是化工生产中最为常见和后果特别严重的事故之一。与火灾爆炸作斗争是化工安全生产重要任务之一。为此，我们有必须掌握防火防爆知识，可有效地防止或减少火灾、爆炸事故的发生。

（一）发生事故的特征和原因

1. 火灾和爆炸事故的发生主要特点

（1）严重性　火灾和爆炸过程通常会产生高热、生成有毒烟气，与此同时形成的高压冲击波还会对周围的人和物及环境引起损失和伤亡，往往都比较严重。

（2）复杂性　发生火灾和爆炸事故的原因往往比较复杂。如物体形态、数量、浓度、温度、密度、沸点、着火能量、明火、电火花、化学反应热，物质的分解，自燃、热辐射、高温表面、撞击、摩擦、静电火花等因素非常复杂。

（3）突发性　火灾、爆炸事故的发生往往是人们意想不到的，特别是爆炸事故，我们很难知道在何时、何地会发生，它往往在我们放松警惕、麻痹大意的时候发生，在我们工作疏漏的时候发生。

2. 火灾、爆炸事故发生的一般原因

火灾、爆炸事故发生的原因非常复杂，经大量的事故调查和分析，原因基本有以下五个方面。

（1）人为因素　由于操作人员缺乏业务知识；事故发生前思想麻痹、漫不经心、存在侥幸心理、不负责任、违章作业，事故发生时惊慌失措、不冷静处理，导致事故扩大。或有些人思想麻痹、违规设计、违规安装、存在侥幸心理、不负责任，埋下隐患。

（2）设备因素　由于设备陈旧、老化，设计、安装不规范，质量差以及安全附件缺损、失效等原因。

（3）物料因素　由于使用的危险化学物品性质、特性、危害性不一样，反应条件、结果和危险程度也不一样。

（4）环境因素　同样的生产工艺和条件，由于生产环境不同则结果有可能就会不一样。如厂房的通风、照明、噪声等环境条件的不同，都有可能产生不同的后果。

（5）管理因素　由于管理不善、有章不循或无章可循、违章作业等也是很重要的原因。

以上五个因素，也可归纳成人、设备、环境三个因素。管理因素可认为是人为因素，物料因素可认为是设备因素。

（二）燃烧的本质

人类用火已有几十万年的历史，但对燃烧的原理至今没有明确结论，目前，燃烧的理论较多，如"燃素学说"、"燃烧氧化学说"、"燃烧分子碰撞理论"、"活化能理论"、"过氧化物理论"、"着火热理论"、"链锁反应理论"等。但是，对燃烧的实质性理论至今还没有圆满的解释。

1. 活化能理论

物质分子间发生化学反应，首先是促使分子的相互碰撞，以破坏分子内存在的旧的关系，而形成新的关系，这一条件就是使普通分子变为活化分子所必需的最低能量即活化能，它可以使分子活化并参加反应。如氢气和氧气反应时活化能为 25.1kJ/mol，在 27℃时只有十万分之一的碰撞概率，只有高出平均能量的一定数值的分子，才能进入反应，使化学反应得以进行。它随温度的变化而发生变化。当用明火去接近氢和氧的分子时，会促使更多的分子活化，使更多的氢和氧起反应，反应所产生的热量又继续活化其他分子，互为影响就发展为燃烧或爆炸。

2. 过氧化物理论

气体分子在各种能量（热能、辐射能、电能、光能、化学反应能等）作用下被活化而燃烧，在燃烧过程中，氧分子首先在热能作用下被活化，被活化的氧分子形成过氧键—O—O—，这种基键加在被氧化的分子上而成为过氧化物。过氧化物是强氧化剂，不仅能形成过氧化物的物质，而且也能氧化其他较难氧化的物质。所以，过氧化物是可燃物质被氧化的最初产物，是不稳定的化合物，能在受热、撞击、摩擦等情况下分解，甚至引起燃烧或爆炸。

3. 着火热理论

着火热理论的主要观点：认为受热、自热的发生是由于在感应期内化学反应的结果，使热量不断积累而造成反应速率的自动加速。这一理论可以解释大多数碳氢化合物与空气的作用。

以上这些燃烧理论能解释很多燃烧现象，但仍有一些燃烧现象很难用以上理论来解释。我们都讲，氧是助燃物，但是，在很多情况下，有很多物质的燃烧，并没有助燃物氧气的存在，例如，高温下的镁条可以在二氧化碳中燃烧；磷、乙醚的蒸气在低温下氧化会出现冷焰（即虽然其温度未达到正常着火温度，但已经出现火焰），这说明其反应的速率已相当大了。另外还发现在反应物中加入少量的其他物质，可大大加速或降低反应速率。这些现象的出现，使人们想到可能有其他的活化源。这种活化源是由反应的过程中产生的，显然，这时的反应不仅取决于初始的和最终的产物，而且还取决于中间产物，这个中间产物在反应之前和反应之后都是不存在的。这种反应就是连锁反应，也称为链式反应理论，这个理论的建立是20世纪初俄罗斯科学家谢苗诺夫创建的，能比较圆满地解释燃烧理论，被世界各国所公认。

4. 燃烧链式反应理论

在燃烧反应中，气体分子间互相作用，往往不是两个分子直接反应生成最后产物，而是活性分子自由基与分子间的作用。活性分子自由基与另一个分子作用产生新的自由基，新自由基又迅速参加反应，如此延续下去形成一系列连锁反应。连锁反应通常分为直链反应和支链反应两种类型。

直链反应的特点是，自由基与价饱和的分子反应时活化能很低，反应后仅生成一个新的自由基。氯和氢的反应是典型的直链反应。在氯和氢的反应中，只要引入一个光子，便能生成上万个氯化氢分子，这正是由于连锁反应的结果。氯和氢的反应是这样的：

$$链的引发 \qquad Cl_2 \xrightarrow{h\nu} 2\dot{C}l$$

$$链的传递 \qquad \dot{C}l + H_2 \longrightarrow HCl + \dot{H}$$

$$\dot{H} + Cl_2 \longrightarrow HCl + \dot{C}l$$

氢和氧的反应是典型的支链反应。支链反应的特点是：一个自由基能生成一个以上的自由基活性中心。任何链反应均由三个阶段构成，即链引发、链传递（包括支化）和链终止。用氢和氧的支链反应说明：

$$链的引发 \qquad H_2 + O_2 \xrightarrow{\triangle} 2\dot{O}H \qquad\qquad (1)$$

$$H_2 + M \xrightarrow{\triangle} 2\dot{H} + M（M 为惰性气体）\qquad\qquad (2)$$

$$链的传递 \qquad \dot{O}H + H_2 \longrightarrow \dot{H} + H_2O \qquad\qquad (3)$$

$$\dot{H}+O_2 \longrightarrow \dot{O}+\dot{O}H \tag{4}$$

链的支化

$$\dot{O}+H_2 \longrightarrow \dot{H}+\dot{O}H \tag{5}$$

链的终止

$$2\dot{H} \longrightarrow H_2 \tag{6}$$

$$2\dot{H}+\dot{O}+M \longrightarrow H_2O+M \tag{7}$$

慢速传递

$$\dot{H}O_2+H_2 \longrightarrow \dot{H}+H_2O_2 \tag{8}$$

$$\dot{H}O_2+H_2O \longrightarrow \dot{O}H+H_2O_2 \tag{9}$$

链的引发需有外来能源激发，使分子键破坏生成第一个自由基，如式（1）、式（2）。链的传递（包括支化）是自由基与分子反应，如式（3）～式（5）、式（8）、式（9）所示。链的终止为导致自由基消失的反应，如式（6）、式（7）所示。

综上所述，燃烧室一种复杂的物理、化学反应。光和热是燃烧过程中的一种常见的物理现象，自由基的链锁反应是从本质上说明燃烧的化学反应过程。

（三）物质的燃烧

1. 燃烧

燃烧俗称着火。凡物质发生强烈的氧化反应，同时发出光和热的现象称为燃烧；它具有发光、放热、生成新物质三个特征。

燃烧反应，三个特征一个都不能缺少，如果缺少其中一个条件均不能被称为燃烧反应。

如：电灯照明时发出光和热，但没有产生新的物质，这是一种物理现象，不能称为燃烧。

又如：电炉通电后，电热丝会发红、发热，但没有新的物质生成，停电后仍然是电热丝，这还是一种物理现象，不能称为燃烧。

再又如：

$$H_2SO_4+Zn \longrightarrow ZnSO_4+H_2+Q$$

这个反应中，硫酸与锌反应能放出热，并生成了新的物质硫酸锌，但是没有发光现象，所以也不能称为燃烧。

2. 燃烧的条件

$$CO+O_2 \xrightarrow{\text{温度（能量）}} CO_2+Q$$

在上式反应中 CO 与 O_2 的燃烧反应中，CO 是可燃物，O_2 气是助燃物，温度（即能量）是着火源。这里的可燃物、助燃物、着火源三个条件就是燃烧反应中必须同时具备的三个条件，三者缺一不可，这就是我们常讲的燃烧"三要素"。如果在燃烧过程中，我们用人为的方法和手段去消除其中一个条件则燃烧反应就会终止，这就是灭火的基本原理。

（1）燃烧必须条件

① 可燃物　凡能与空气和氧化剂起剧烈反应的物质称为可燃物。按形态，可燃物可分为固体可燃物、液体可燃物和气体可燃物三种。

物质的可燃性随着条件的变化而变化，例如，木粉比木材刨花容易燃烧，木刨花比大块木段容易燃烧，木粉甚至能发生爆炸；又如，铝、镁、钠等是不燃的物质，但是，铝、镁、钠等物质成为粉末后不但能发生自燃，而且还可能会发生爆炸。

② 助燃物　凡能帮助和维持燃烧的物质，均称为助燃物。通常燃烧过程中的助燃物主要是氧，它包括游离的氧或化合物中的氧。空气中含有大约 21％的氧，可燃物在空气中的燃烧以游离的氧作为氧化剂，这种燃烧是最普遍的。此外，某些物质也可作为燃烧反应的助燃物，如氯、氟、氯酸钾等。也有少数可燃物，如低氮硝化纤维、硝酸纤维的赛璐珞等含氧物质，一旦受热后，能自动释放出氧，不需要外部助燃物就可发生燃烧。

③ 着火源　凡能引起可燃物质燃烧的能源，统称为着火源。着火源主要有以下五种。

a. 明火　明火炉灶、柴火、煤气炉（灯）火、喷灯火、酒精炉火、香烟火、打火机火等开放性火焰。

b. 火花和电弧　火花包括电、气焊接和切割的火花，砂轮切割的火花，摩擦、撞击产生的火花，烟囱中飞出的火花，机动车辆排出火花，电气开、关、短路时产生的火花和电弧火花等。

c. 危险温度　一般指 80℃ 以上的温度，如电热炉、烙铁、熔融金属、热沥青、砂浴、油浴、蒸汽管裸露表面、白炽灯等。

d. 化学反应热　化合（特别是氧化），分解，硝化和聚合等放热化学反应热量，生化作用产生的热量等。

e. 其他热量　辐射热，传导热，绝热压缩热等。

可燃物能否发生着火燃烧，又与着火源温度高低（热量大小）和可燃物的最低点火能量有关。

（2）燃烧充分条件　在某些情况下，虽然具备了燃烧的三个必要条件，但由于可燃物质的浓度不够、氧气不足或点火源的热量不大、温度不够，燃烧也不能发生。因此，要发生燃烧，还必须具备下列充分条件。

① 一定的可燃浓度　可燃气体或可燃物质蒸气只有达到一定的浓度时才能发生燃烧反应，若不具备足够的浓度，就不会发生燃烧。如氢气的浓度低于 4％时，便不能被点燃。

② 一定的氧气或氧化剂含量　维持可燃物质燃烧，必须供给足够数量的空气或氧气，否则燃烧不会发生或不会持续进行。例如，带火星的木条在空气中无法燃烧，但在纯氧的环境中就可以复燃；当空气中氢气的含量低于 5.9％时，氢气便不能在空气中燃烧。

③ 具有一定的着火热量　不管何种形式的点火能量，必须达到一定的强度才能引起燃烧反应，否则燃烧就不会发生。例如，我们可以用一根燃烧的火柴点燃纸张、香烟，但不能点燃煤块。火柴的火焰所具有的温度和热量已经达到了使纸张和香烟燃烧的温度和热量，但却没有达到使煤块燃烧的温度和热量。

④ 燃烧条件的相互作用　要发生燃烧，还必须使以上三个条件相互作用，燃烧才会发生。例如，在一个房间内有桌椅及门窗等可燃物，有充足的空气，还有火源、电源，燃烧的三个基本条件俱在，但并没有发生燃烧现象，这是因为这些条件没有相互发生作用的缘故。

3. 燃烧的历程

可燃物在自然界里以固体、液体、气体三种状态存在，这三种状态物质的燃烧历程（过程）是不相同的。

固体物质发生燃烧反应，需要先经过溶解、分解、蒸发（升华）后生成气体，然后这些气体与氧化剂起作用发生燃烧。

液体物质发生燃烧，需要经过蒸发成气体后与氧化剂作用发生燃烧。

气体物质则不存在熔解、蒸发、分解等气化过程，即可直接燃烧。

4. 燃烧的类型（燃烧有几种形式）

燃烧类型可分为闪燃、着火、自燃、爆炸四种。每一种类型的燃烧都有其各自的特点。我们讲防火防爆技术知识就必须具体地分析每一类型的燃烧发生的特殊原理，才能有针对性地采取行之有效的防火防爆和灭火措施。

（1）闪燃　可燃液体的蒸气（随着温度的升高，蒸发的蒸气越多）与空气混合（当温度还不高时，液面上只有少量的可燃蒸气与空气混合）遇着火源（明火）而发生一闪即灭的燃烧（即瞬间的燃烧，大约在5s以内）称为闪燃。可燃液体能发生闪燃的最低温度，称为该液体的闪点。可燃液体的闪点越低越容易着火，发生火灾、爆炸危险性就越大。有些固体（能升华）也会有闪燃现象，如石蜡、樟脑、萘等。某些可燃液体闪点见表3-6。

表3-6　常见几种物质的闪点

可燃液体名称	闪点/℃	可燃液体名称	闪点/℃
甲醇	11	乙醚	−45
乙醇	11.1	苯	−11.1
甲苯	4.4	冰醋酸	40
丙酮	−19	甲醛	60

从消防角度来讲，"闪点"在防火工作的应用是十分重要的，它是评价液体火灾危险性性大小的重要依据；"闪燃"是发生火警的先兆。闪点越低的液体，发生火灾危险性就越大。

① 低闪点液体　　　　　　　　闪点＜−18℃的液体。
② 中闪点液体　　　　　　　　−18℃≤闪点＜23℃的液体。
③ 高闪点液体　　　　　　　　23℃≤闪点≤61℃的液体。

根据可燃液体的闪点，我们将液体火灾危险性分为甲、乙、丙三类。

甲类——闪点在28℃以下的液体。

乙类——闪点在28～60℃的液体。

丙类——闪点在60℃以上的液体。

闪点高低与饱和蒸气压及温度有关，饱和蒸气压越大、闪点越低；温度越高则饱和蒸气压越大、闪点就越低。同一可燃液体的温度越高，则闪点就越低，当温度高于该可燃液体闪点时，如果遇点火源时，就随时有被点燃的危险。

（2）着火　可燃物质（在有足够助燃物情况下）与火源接触而能引起持续燃烧的现象（即火源移开后仍能继续燃烧）称为着火。使可燃物质发生持续燃烧的最低温度称为燃点或称为着火点。燃点越低的物质，越容易着火。某些可燃物质的燃点见表3-7。

表3-7　常见几种物质的燃点

物质	燃点/℃	物质	燃点/℃	物质	燃点/℃
木材	295	纸张	130	松香	216
樟脑	70	棉花	210	麦草	222
涤纶纤维	339	黄磷	34～60	橡胶	120

闪点与燃点的区别如下。

① 可燃液体在燃点时燃烧的不仅是蒸气，而且是液体（即液体已达到燃烧的温度，可

不断地提供、维持稳定燃烧蒸气)。

② 在发生闪燃时，移去火源闪燃即熄灭，而在燃点时移去火源即能继续燃烧。

在防火防爆工作中，严格控制可燃物质的温度在闪点、燃点以下是我们预防发生爆炸、火灾的有效措施。用冷却法灭火，其道理就是将可燃物质的温度降低到燃点以下，使燃烧反应终止而熄灭。

（3）自燃　可燃物在无明火作用下而自行着火的最低温度，称为自燃点。自燃点越低的物质，发生火灾的危险性就越大。

自燃因能量（热量）来源不同可分为受热自燃和本身自燃（自热燃烧）两种。可热物质受外界加热，温度上升至自燃点而能自行着火燃烧的现象，称为受热自燃。可燃物质在没有外来热源作用下，由于本身的化学反应、物理或生物的作用而产生热量，使物质逐渐升高至自燃点而发生自行燃烧的现象。部分可燃物质的自燃点见表 3-8。

表 3-8　常见几种物质的自燃点

物质	自燃点/℃	物质	自燃点/℃	物质	自燃点/℃
甲醇	455	乙醇	422	丙酮	537
氨	630	苯	555	甲苯	535
乙炔	335	甲醇钠	70	汽油	280
木材	295	纸张	130	松香	216
樟脑	70	棉花	210	麦草	222
橡胶	120	松节油	53	涤纶纤维	339
甲酸乙酯	440	黄磷	34～60	柴油	350～380

在化工生产中，可燃物质靠近蒸汽管、油浴管等高温烘烤过度，一旦可燃物质温度达到自燃点以上时，在有足够氧气条件下，没有明火作用就会发生燃烧；可燃物质在密闭容器中加热过程中温度高于自燃点以上时，一旦泄漏出或空气漏入，没有明火作用也会发生燃烧。

（4）爆炸　物质由一种状态迅速地转变成另一种状态，并在瞬间以机械功的形式放出大量能量的现象。爆炸可分为物理性爆炸、化学性爆炸和核爆炸三类。化学性爆炸按爆炸时所发生的化学变化又可分为简单分解爆炸（如乙炔铜、三氯化氮等不稳定结构的化合物）、复杂分解爆炸（如各种炸药）和爆炸性混合物爆炸三种。化工企业发生爆炸，绝大部分是混合物爆炸。

① 爆炸性混合物　可燃气体、蒸气、薄雾、粉尘或纤维状物质与空气混合后达到一定浓度，遇着火源能发生爆炸，这样的混合物称为爆炸性混合物。

可燃性气体、易燃液体蒸气或粉尘等与空气组成的混合物并不是在任何浓度下都会发生爆炸和燃烧，而必须在一定的浓度范围内，遇着火源，才会发生爆炸。

② 爆炸极限　可燃气体、蒸气或粉尘（含纤维状物质）与空气混合后，达到一定的浓度，遇着火源即能发生爆炸，这种能够发生爆炸的浓度范围，称为爆炸极限。能够发生爆炸最低浓度称为该气体、蒸气或粉尘的爆炸下限。同样，能够发生爆炸的最高浓度，称为爆炸上限。常见几种物质的爆炸极限见表 3-9。

从上看出各种可燃物质与空气混合后的爆炸极限浓度都是不一样的，有的浓度范围小，有的浓度范围宽，有的浓度范围下限低，有的上限较高。只有当某种物质的混合物浓度在爆炸极限范围内才会发生爆炸；混合物浓度低于爆炸下限时，因含有过量空气，由于空气的冷

表 3-9 常见几种物质的爆炸极限

物质	爆炸极限/%	物质	爆炸极限/%	物质	爆炸极限/%
松节油	0.8~62	二甲苯	1.1~7	乙醚	1.85~36.5
煤油	1.4~7.5	甲苯	1.2~7	汽油	1.3~6
乙炔	2.5~82	丙烷	2.37~9.5	丙烯	2~11.1
甲烷	5.3~14	乙烯	5.3~14	丙酮	2.5~13
氢	4.1~74.2	乙醇	3.5~19	甲醇	6.7~36
氨	15.7~27.4	甲醛	3.97~57	氯苯	1.7~11
吡啶	1.7~12.4	氨气	15.7~27.4		

却作用阻止了火焰的传播，所以不燃烧也不爆炸；同样，当混合物浓度高于爆炸上限时，由于空气量不足，火焰也不能传播，所以只会燃烧而不爆炸。

气体混合物的爆炸极限一般用可燃气体或蒸气在混合物中的体积百分比来表示的（%）。可燃粉尘爆炸极限，通常以每立方米混合气体中含有的质量（g）来表示（g/m³）。

③ 影响爆炸极限的因素 影响气体混合物爆炸极限的主要因素有混合物的原始温度、压力、着火源、容器尺寸和材质等。

a. 原始温度的影响因素 爆炸性混合物的原始温度越高，则爆炸极限范围越宽，即爆炸下限降低，上限升高。

如丙酮的爆炸极限与原始温度关系见表 3-10。

表 3-10 丙酮的爆炸极限与原始温度关系

原始温度/℃	下限/%	上限/%
0	4.2	8.0
50	4.0	9.8
100	3.2	10.0

因为系统温度升高，其分子内能增加，使原来不燃不爆的混合物成为可燃、可爆系统，所以温度升高会使爆炸危险性增大。

b. 原始压力的影响因素 爆炸性混合物的原始压力对爆炸有很大的影响，在增加压力的情况下其爆炸极限的变化很复杂。一般，压力增大，爆炸极限范围扩大，压力降低，则爆炸极限范围缩小。这是因为系统压力增高，其分子间距更为接近，碰撞概率增高，因此，使燃烧的最初反应和反应的进行更为容易。待压力降至某值时，其下限与上限重合（将此时的最低压力称为爆炸临界压力）。若压力降至临界压力以下，系统便不会爆炸。因此，在密闭容器内减压（负压）操作对安全生产是有利的。如甲烷在不同原始压力下的爆炸极限见表 3-11。

表 3-11 甲烷在不同原始压力下的爆炸极限

原始压力/(kgf/cm²)	下限/%	上限/%
1	5.6	14.3
10	5.9	17.2
50	5.4	29.4
125	5.7	45.7

注：1kgf/cm² = 9.80665×10⁴Pa。

c. 介质及杂物的影响因素 若在混合物中掺入或含有一些其他介质，会影响混合物的燃烧爆炸情况。在爆炸性混合物中随着惰性气体含量的增加,爆炸极限的范围就会缩小,当惰性气体浓度提高到一定浓度(数值)时,混合物就不再会爆炸。这是由于惰性气体加入混合物中后,使可燃物分子与氧分子隔离,在它们之间形成不燃的"障碍物"。

d. 容器的尺寸和材质影响因素　充装可燃物容器的尺寸、材质等,对物质爆炸极限均有影响。管道或容器的直径越小,爆炸极限范围也越小。容器大小对爆炸极限的影响可从器壁效应得到解释。燃烧是自由基产生一系列链反应的结果,只有当新产生的自由基大于消失的自由基时,燃烧才能继续。但随管道直径的减少,自由基与管壁的碰撞概率增加。当尺寸减少到一定程度时,自由基(游离基)销毁大于它的产生,燃烧反应便不能继续进行。容器的材质对爆炸极限也有影响。例如氢和氟在玻璃容器中混合,甚至存在液态空气的温度下,在黑暗中也会发生爆炸,而在银制容器中,在常温下才能发生反应。

e. 着火源的影响因素　着火源的能量、火花的能量、热表面的面积、火源与混合物的接触时间等,对爆炸极限也有影响。

各种爆炸性混合物都有一个最低引爆能量(一般是化学理论量)。当着火源能量达到某一爆炸性混合物的最低引爆能量值时,这种爆炸性混合物才会发生爆炸。表 3-12 是部分气体的最低引爆能量。

表 3-12　部分气体的最低引爆能量

化学品	与空气混合含量/%	在空气中最低引爆能量/mJ	在氧气中最低引爆能量/mJ
CS_2	6.25	0.015	
H_2	29.2	0.019	0.0013
C_2H_2(乙炔)	7.73	0.02	0.0003
C_2H_4	6.52	0.16	0.001
乙烷	4.02	0.031	
甲醇	12.24	0.215	
苯	2.71	0.55	
氨	21.8	0.77	
丙酮	4.87	1.15	
甲苯	2.27	2.50	
甲烷	8.5	0.28	
乙烷	4.02	0.031	
丙烷	4.02	0.031	0.031
乙醛	7.72	0.376	
丁烷	3.42	0.38	

粉尘的爆炸下限是不固定的,一般分散度越高、挥发物含量越大、火源越强、原始温度越高、温度越高、粉尘越细小就越容易引起爆炸,粉尘爆炸浓度范围就越大。因为,粉尘颗粒越细,表面吸附的氧就越多,着火点就越低,爆炸下限也越小,越容易发生粉尘爆炸。

(四)防火防爆基本措施

防火防爆基本措施的着眼点应放在限制和消除燃烧爆炸危险物、助燃物、着火源三者的相互作用上,防止燃烧三个条件(燃烧三要素)同时出现在一起。主要措施有着火源控制与消除、工艺过程的安全控制和限制火灾蔓延措施等几方面。

1. 着火源的控制与消除措施

在化工生产过程中存在较多的着火源，如明火、火花和电弧、危险温度（＞80℃）、化学反应热、生物化学热、物理作用热、摩擦撞击火花、静电放电火花等。因此，控制和消除这些着火源对防止火灾、爆炸事故的发生是十分重要的。一般，我们应采取以下几种措施。

（1）严格明火管理措施 在化工生产中，火灾爆炸事故的发生绝大部分都是由明火引起的，所以严格明火管理对防火防爆工作非常重要。

① 加强加热用火管理措施 严格生产性用火管理，对蒸汽、油浴盐浴、电加热等使用要严格管理。生产区中应尽量避免使用明火加热，因生产需要用蒸汽、油浴、盐浴、电热来加热时，应按国家有关规定，认真设计，明火区应远离生产区，并设置在常年风向下风处等。

② 加强检修用火管理 对检修动火、使用喷灯、浇注沥青等作业要严格管理措施。制订检修动火制度，对未办动火证、动火证未经审批，未做好有效隔绝、未做好清洗置换，未做动火分析，无人监火，不准动火。

③ 加强流动火花和飞火管理措施 对机动车进入生产区、烟囱飞火、穿化纤服装、吸烟等要严格管理制定相关规定。对机动车排气管要戴阻火器，防止火花喷出。对燃煤、烧柴的烟囱要设置阻火措施（水幕除尘等）消除飞火。对防火防爆要求高且特别危险岗位，要禁止穿化纤服装进入生产岗位，避免静电火花的产生。在生产区严禁吸烟，违者重罚。

④ 加强其他火源控制管理措施 对高温设备、管道表面热、自燃热、压缩热、化学反应热等要加强控制和管理。对高温表面应及时做好隔热保温，破损的要及时修补。不准在高温设备、管道上烘烤可燃物品。压缩机（空压机、冰机等）等在压缩过程中产生的热要进行冷却，严格控制在80℃以内。将油抹布、油棉纱头等及时安全地处理掉。

（2）避免摩擦、撞击产生火花和危险温度措施 轴承转动摩擦、铁器撞击、工具使用过程打击都有可能产生火花和危险温度，对易燃易爆的生产岗位，应做好以下防范措施：

① 设备转动部位应保持良好的润滑，以防断油发热；

② 采用有色金属工用具，防止撞击火花的产生；

③ 搬运物料要轻搬轻放，防止发生火花；

④ 车间内禁止穿带钉的鞋，以防摩擦产生火花；

⑤ 检修过程中要防止工用撞击发生火花。

（3）消除电气火花和危险温度措施 电气火花和危险温度是引起火灾爆炸仅次于明火的第二位原因，因此要根据爆炸和火灾危险等级和爆炸、火灾危险物质的性质，按照国家有关规定进行设计、安装。对车间内的电气动力设备、仪器、仪表、照明装置和电气线路等，分别采用防爆、封闭、隔离等措施。以防止电气火花和危险温度。

（4）导除静电措施 静电对化工生产的危险性很大，但往往很容易被人们忽视。由于静电产生火花而造成重大的火灾、爆炸事故教训较多。因此，在化工企业从厂房设计、工艺设计、建设安装等方就应充分考虑导除静电的措施，如全厂地下接地网络设计、防雷、避雷设计，在易燃易爆车间，对工艺管线、设备等均要进行有效的接地，对一些电阻率高的易燃液体在运输、输送、罐装、搅拌中应设法导除静电，勿使静电积聚。对一些特别易燃易爆的岗位还应禁止穿易产生静电的化纤人造面料的服装。

（5）防止雷电火花措施 防雷保护工作必须在规划设计时就应全盘考虑，地下接地网络可靠、完善，企业必须按国家规定进行设计、施工、安装、检查、维护。特别是每到雷雨季节，必须认真检查，发现问题立即整改，确保防雷设施安全可靠。

2. 工艺、设备的安全控制措施

（1）工艺装置设计安全要求　在化工生产中各工艺过程和生产装置，由于受内部和外界各种因素的影响，可能产生一系列的不稳定和不安全因素，从而导致事故发生。为了保证安全生产，在工艺装置设计时要符合以下基本要求：

① 全面分析原料、中间体、成品、工艺条件要求，以确定设备以及设置安全技术设施；

② 针对生产过程中发生火灾的三要素和爆炸原因，采取相应安全措施；

③ 对反应过程中所产生的超温、超压等不正常情况应有有效的控制措施；

④ 对物料的毒害性进行全面分析，并采取有效的密闭、隔离、遥控及通风等安全技术措施；

⑤ 要更深入研究潜在的危险，并采取可靠的安全防护措施。

（2）采用安全合理的工艺过程措施

① 制定科学、合理、严密的安全操作规程和工艺操作规程：对新产品、新工艺或改革老工艺等都必须对工艺过程的安全性进行反复论证、试验，不得放过任何一个疑点，待确认安全后，方可进行生产。

② 在生产中尽可能用危险性小的物质代替危险性大的物质：尽可能不使用自燃点低、遇水燃烧爆炸、闪点低、爆炸极限低、爆炸极限范围宽、强酸、强碱、强氧化性等物质，如使用则必须有针对性地做好有效的防范措施。

③ 系统密闭或负压操作措施：系统密闭可以防止易燃、易爆、有毒、有害等物质的泄漏而造成爆炸、火灾、中毒、职业病和环境污染事故的发生。负压操作可避免系统危险物质向外逸散，对提高车间空气质量、减少职业危害等都有好处，但要注意防止空气漏入系统的危险。

④ 生产过程的连续化和自动化控制措施：通过改革改造尽可能使每一步反应在系统内连续不间断地进行，并进行自动化遥控控制，这是减轻操作人员体力，方便操作、减少人为失误、提高效益的安全有效的生产过程。

⑤ 惰性介质保护措施：在生产、检修、动火中用惰性介质气体进行置换、充压输送、灭火扑救是行之有效的方法。

⑥ 通风措施：通风是防止燃烧爆炸混合物形成、减少职业危害的重要措施之一。

（3）化工操作中的工艺参数控制措施　在化工生产操作过程中，正确控制工艺参数是防止超温、超压、溢料、跑料、冲料事故的发生，防止火灾爆炸、环境污染发生的重要措施。

（4）安全保护装置措施　为避免人员操作控制和观察判断的失误，确保生产的安全。根据工艺过程的危险性和安全要求，可分别选用符合规定要求的安全装置，如阻火装置（安全液封、阻火器和单向阀）、防爆泄压设施（安全阀、爆破膜"片"、防爆门和放空管等）、消防器材（如各种灭火器）等。安全保护装置，效果好且安全可靠，应尽量安装使用。

（5）做好清洁文明生产工作措施　清洁文明生产有两种含义，一是要做好清洁生产，二是要做好文明生产。

清洁生产工作一定要从源头抓起，从项目的引进、试验、设计开始就注重"三废"，采取先进的、在生产过程中不产生"三废"或少产生"三废"的工艺和设备，从源头对产生的

"三废"进行控制，设法回收利用或进行无害处理。把环境污染降到最低程度。

文明生产工作就要我们在生产过程中经常保持生产场所的清洁、整齐、卫生。做到物料、生产工用具等要定量、定置存放，保持设备整齐、色泽光亮、场所宽敞、明亮、整洁，保持工作平台无杂物，楼梯、通道要畅通，以利于紧急情况时的抢救和撤离。

3. 限制火灾蔓延的措施

防火防爆的另一个主要措施就是限制火灾蔓延措施。就是要求厂房、仓库、储罐库等的建筑必须达到一定的耐火等级、防火安全间距、防火分割等设计要求。

四、火灾扑救

在防火防爆的基本措施一章中所讲到的内容，这是"防"字上的有效措施。大量火灾事故的分析研究，尽管原因有多种多样，但主要的原因还是由于人们思想麻痹、缺乏预防知识而造成的。所以，人们平时要提高警惕，采取切实有效的防范措施，掌握灭火的基本知识和灭火技能，可以讲，大部分火灾事故都是可以预防的或扑灭的。因此，只要人们坚持"预防为主"的原则，防患于未然，就能取得同火灾作斗争的主动权；只有充分作好灭火准备，才能在同火灾作斗争中取得胜利。在实际工作中，必须正确理解和执行这一方针，防止出现"重防轻消"或"重消轻防"的两个倾向，更不能存在既"轻防"又"轻消"的麻痹侥幸思想。

（一）火灾及火灾分类

1. 火灾

燃烧俗称着火。但燃烧不一定是火灾，它们是有区别的。火灾是指违背人们的意志，在时间和空间上失去控制的燃烧而造成的灾害（过去定义——凡失去控制并对财物和人身造成损害的燃烧现象）。

2. 火灾的分类

火灾可以从不同角度进行分类，按燃烧对象可分为建筑火灾、交通运输火灾、森林火灾、草原火灾等。依据《火灾分类》（GB/T 4968—2008），根据可燃物的类型和燃烧特性将火灾定义为六个不同的类别。

（1）A 类火灾　固体物质火灾。这种物质通常具有有机物性质，一般在燃烧时能产生灼热的余烬。

（2）B 类火灾　液体或可熔化的固体物质火灾。

（3）C 类火灾　气体火灾。

（4）D 类火灾　金属火灾。

（5）E 类火灾　带电火灾。物体带电燃烧的火灾。

（6）F 类火灾　烹饪器具内的烹饪物（如动植物油脂）火灾。

（二）灭火的基本原理和方法

根据燃烧三要素和燃烧充分条件，灭火的基本方法有四种，即隔离法、冷却法、窒息法和化学反应中断法。在灭火中，我们可以根据火场实际情况，灵活运用不同的灭火方法或同时运用几种方法去扑救。在扑救火灾中，有时是通过使用不同的灭火剂来实现的。灭火剂是能够有效地破坏燃烧条件，中止燃烧的物质。不同类型的火灾，应选用不同的灭火剂。因此，不仅要掌握各种灭火方法，而且还要了解各种灭火剂的性质、灭火原理及其适用范围。

1. 隔离法灭火

隔离法就是将火源与火源附近的可燃物隔开，中断可燃物质的供给，使火势不能蔓延。这样，少量的可燃物烧完后，或同时使用其他灭火方法，使燃烧很快停止而熄灭。这是一种比较常用的方法，适用于扑救各种固体、液体和气体火灾。采用隔离法灭火的具体措施如下。

（1）迅速转移火源附近的可燃、易燃、易爆、助燃（氧化性物品）物品（在搬运转移时要注意抢救人员的安全）。

（2）封闭、堵塞建筑物上的洞孔或通道，改变火灾蔓延途径。

（3）围堵、阻拦燃烧着的流淌液体（如防火墙）。

（4）拆除与火源毗连的建筑物。形成阻止火势蔓延的空间地带，在拆除时要注意抢救人员的安全。

2. 冷却法灭火

冷却法就是用水等灭火剂喷射到燃烧着的物质上，降低燃烧物的温度，降低可燃物质的浓度。当温度降到该物质的燃点以下时，火就会熄灭。

冷却法灭火的灭火剂主要是水。固体二氧化碳、液体二氧化碳和泡沫灭火剂也有冷却作用。

水灭火剂的作用如下。

（1）水是不燃液体，价格便宜，取用方便，安全可靠。

（2）水有冷却降温灭火作用，水的热容量和汽化潜热大，水具有显著的冷却作用，能迅速冷却燃烧物，降低燃烧区及其附近温度，最终使燃烧停止。

（3）水有窒息灭火作用，1kg 水在 100℃（101325Pa）能生成 1673L 水蒸气，大量的水蒸气能稀释燃烧区内可燃气体或空气中氧的浓度，使燃烧区因缺少氧气而减弱燃烧的强度。

（4）水还具有能稀释水溶性可燃、易燃液体，降低其燃烧性能。

（5）雾状水能在某些不溶于水的液体表面上形成一层不燃的乳浊液。水能浸湿未燃烧的物质，使其难以燃烧。

（6）加压水流喷射时，能冲到火源的深处，使火焰中断而熄灭。

总体讲，灭火中，水由于其热容量大、灭火性能强、安全可靠、价格低廉、取用方便等优点，而被普遍使用。

3. 窒息法灭火

窒息法灭火就是用不燃或难燃的物质，覆盖、包围燃烧物，阻碍空气与燃烧物质接触，使燃烧因缺少助燃物质而停止燃烧。

用窒息法灭火的具体措施如下所述。

（1）用不燃或难燃的物质，如黄砂、干土、石粉、石棉布、毯、湿麻袋、湿布等直接覆盖在燃烧物的表面上，隔绝空气，使燃烧窒息而停止。

（2）将不燃性气体或水蒸气灌入燃烧的容器内，稀释空气中的氧，使燃烧因窒息而停止。

（3）封闭正在燃烧的建筑物、容器或船舱的孔洞，使内部氧气在燃烧中消耗后，不能补充新鲜空气而窒息熄灭。

（4）在敞开的情况下，隔绝空气主要是使用泡沫、二氧化碳、水蒸气等。

4. 化学反应中断法灭火

化学反应中断法又称抑制法，它是将抑制剂掺入燃烧区域中。以抑制燃烧连锁反应进行，使燃烧中断而灭火。用于化学反应中断法的灭火剂，有干粉和卤代烷烃等。

（三）常用灭火器

灭火器是一种用于扑灭初起火灾的轻便灭火工具。目前常用的灭火器有酸碱、泡沫系列、二氧化碳、干粉和卤代烷烃系列等五种类型灭火器（卤代烷烃系列灭火器将被逐步淘汰）。

1. 酸碱灭火器

酸碱灭火器由筒身、瓶胆、筒盖、提环等组成，筒身内悬挂着用瓶夹固定的瓶胆，瓶胆内提浓硫酸，瓶胆口用铅塞封住瓶口，以防浓硫酸吸水稀释或与胆外碱性药液混合，筒内装有碳酸氢钠水溶液。使用时要将筒身颠倒，使两溶液混合，产生大量二氧化碳气体而形成压力，使筒内中和了的混合液从喷嘴向外喷出，冷却燃烧物，降低温度致火焰熄灭。

2. 泡沫灭火器

泡沫灭火器的构造和外形与酸碱灭火器基本相同，不同处就是瓶胆比较长。瓶胆内装硫酸铝水溶液，筒内装碳酸氢钠与泡沫稳定剂的混合液。当筒身颠倒时，两种药剂混合后产生二氧化碳，压迫浓泡沫从喷嘴中喷出。使用方法和注意事项与酸碱灭火器大致相同。灭火时，泡沫流淌并盖住燃烧物表面，达到隔绝空气作用，使燃烧物停止燃烧。泡沫灭火器适用扑救油脂类、石油产品以及一般固体物质的初起火灾。

3. 二氧化碳灭火器

二氧化碳灭火器由筒身（钢瓶）、启闭阀和喷管组成，筒内装液体二氧化碳。使用时先将铅封去掉，一手提着提把，另一只手提起喷筒，再将手轮按逆时针方向旋转开启，由于压力下降，液体二氧化碳迅速气化，高压气体即会自行喷出。灭火时，人要站在上风向，将喷管对准火焰根部扫射即可。使用时要千万注意防止握喷管的手被冻伤。二氧化碳灭火器主要扑救贵重设备、档案资料、仪器仪表、600V 以下电器设备及可、易燃液体和油脂等火灾。

4. 干粉灭火器

干粉灭火器由筒身（钢瓶）、气阀控制部分、压力表、提手把、压把、保险稍、喷管等组成。筒体内充装干粉灭火剂和干燥的高压二氧化碳或氮气，灭火时只要提起灭火器，观察压力表指针在绿区以内，拔出保险稍，用手掌压压把，气阀内顶针立刻刺穿密封膜，筒体内高压气体推动干粉从筒底中心管口由下而上从喷管口喷射到火焰根部，由近至远将火扑灭。干粉灭火器适用扑救石油类产品、可燃气体、电器设备的初起火灾。碳酸氢钠干粉灭火器不宜扑救固体可燃物，灭火后易死灰复燃，一定要注意。

5. 卤代烷烃灭火器即"1211"和"1301"灭火器

"1211"和"1301"灭火器与干粉灭火器结构外形一样，只不过筒体内装着液化卤代烷烃气体，筒内也没有中心管。灭火时只要提起灭火器，观察压力表指针在绿区以内，拔出保险稍，用手掌压压把，气阀即被打开，筒体内液化卤代烷烃气体因压力下降而迅速气化从气阀口处泄出，由喷管口喷射到火焰根部，由近至远将火扑灭。将火扑灭后，剩余药剂仍能继续使用（观察有否压力）。

6. 小型灭火器的设置和维护

灭火器的配置应根据现场火灾危险性大小、物质的性质、可燃物数量、易燃物数量、占地面积以及固定灭火设施对扑救初起火灾的可能性等因素综合考虑。选择适当的通用性强的灭火器。

灭火器要布置在明显的和便于取用（离地面0.8m左右）的地方，现场要干燥通风。尽可能不要受潮和日晒，平时经常检查，灭火器要贴有充装日期和失效日期，过期及时更换，使灭火器始终处于良好状态。

五、机械作业安全

机械安全是指机械设备本身应符合安全要求，机械设备的操作者在操作时应符合安全要求。

由于机器设备结构上的缺陷，安装、布局上的不规范以及操作人员违规操作等，均可能发生机械事故及机械伤害事故。

1. 常用机械设备的危险性分析

（1）旋转机件的危险性

① 卷带和钩挂　操作人员的手套、衣服的下摆、裤管、鞋带以及长发等，接触机泵等各类设备采用皮带传动、链传动、联轴节等旋转部件，易发生被卷进或带入机器内，或被旋转部件凸出部件钩住、挂住而造成伤害。

② 绞碾和挤压　操作人员的衣、裤和手、长发等，被有棱角或呈螺旋状机构等部件绞进机器被挤压而造成伤害。

③ 刺割　操作人员的身体被机械设备的刀具、机件的毛刺割伤或刺伤伤害。

④ 打击　操作人员被机械设备旋转离心力甩出的加工件或破损物块打击伤害。

（2）机件作直线运动的危险性　机械制造部门使用较多的冲床、剪床、刨床、插床类机械设备，由于刀具等作直线运动，如防护措施不当会致人伤害。

2. 常用机械设备安全防护措施

由于机械设备的结构不同，具体的防护措施也不一样，但其基本原理和要求还是近似的。安全措施一般应遵循以下原则和要求：一是密闭与隔离——对传动装置应用防护罩、隔离、遮盖等措施，使人接触不到转动部位；二是安全联锁装置——当操作人员操作失误时，为保护人员伤害而设置的自动切断装置，使是安全联锁装置；三是紧急刹车装置——一般在操作较频繁又不便装安全防护罩时，可装自动紧急刹车装置。

（1）防止机械伤害措施

① 正确维护和使用防护设施；

② 转动部件未停稳不得进行操作；

③ 正确穿戴防护用品；

④ 站位得当；

⑤ 转动机件上不得搁放物件；

⑥ 不要跨越运转的机轴；

⑦ 执行操作规程。

（2）升降机安全使用　升降机是为了减轻职工的劳动强度、提高工作效率而设置的简易的提升工具，专供车间吊运原材物料之用，它的结构比较简单，操作简便，但是由于安全保护技术装置简单，若使用不当极易发生坠吊伤人事故，因此必须认真操作、确保安全。

① 使用前必须全面检查，确认安全后，方可装货吊运；

② 严禁超高、超重、超宽堆放货物；

③ 装货、卸货人员作业时严禁站在吊篮内或一只脚踩在地面另一只脚踩在吊篮上；

④ 升降机严禁载人；

⑤ 升降机吊篮四周和每层吊篮口四周必须有阻拦物资和人员坠落的防护措施；

⑥ 升降机使用毕，吊篮和各层升降机口栏杆必须及时复位；

⑦ 升降机使用时，操作人员必须专心，随时观察，防止坠物和过卷扬使钢缆断而导致坠吊事故的发生；

⑧ 定期检查、维护、保养，及时更换易损件，特别要注意安全防护设施的安全可靠性。

（3）离心机的安全使用

① 刹车必须灵光可靠，以备紧急情况下使用；

② 严禁用手、铁棒、木棍刹车，更不能逆向刹车，以防惯性力伤人；

③ 离心机运转时，严禁物件搁放在机上或人员站在机上；

④ 严禁利用惯性铲料；

⑤ 严禁带负荷启动。

（4）设备检修安全

① 检修前要制定检修方案；

② 配好各种备品备件；

③ 彻底做好清场工作；

④ 确定检修负责人员；

⑤ 检修前做好现场安全教育工作；

⑥ 办好动火、进罐作业手续；

⑦ 指定专人监护；

⑧ 检修结束，全面清场，逐项检查并试运转；

⑨ 安全插、拆盲板。

六、危险化学品安全

（一）危险化学品的定义

为了加强危险化学品的安全管理，预防和减少危险化学品事故，保障人民群众生命财产安全，保护环境，2011 年 2 月 16 日国务院第 144 次常务会议通过新《危险化学品安全管理条例》，自 2011 年 12 月 1 日起施行。

该条例规定危险化学品，是指具有毒害、腐蚀、爆炸、燃烧、助燃等性质，对人体、设施、环境具有危害的剧毒化学品和其他化学品。

（二）危险化学品的分类和性质

我们国家对危险化学物品的分类，主要是根据危险化学物品的危险特性，并考虑生产、贮存、运输、使用的安全管理的要求而确定的。危险化学品的分类是根据 GB 13690—1992《常用危险化学品的分类及标志》和 GB 6944—2005《危险货物分类和品名编号》，分为：爆炸品，气体，易燃液体，易燃固体、易于自燃的物质、遇水放出易燃气体的物质，氧化性物质和有机过氧化物，毒性物质和感染性物质，放射性物质，腐蚀性物质，杂项危险物质和物品共九类。

1. 爆炸品

指在外界作用下（如受热、受压、撞击等），能发生剧烈的化学反应，瞬时产生大量的气体和热量，使周围压力急剧上升并产生高压冲击波（发生爆炸）对周围物体造成破坏的化学品。爆炸品在国家标准中分为 6 个项别，其爆炸危险性依序降低。

① 有整体爆炸危险的物质和物品，如硝化甘油、炸药等。

② 有迸射危险，但无整体爆炸危险的物质和物品，例如，催泪弹等。

③ 有燃烧危险并有局部爆炸危险或局部迸射危险或两种危险都有，但无整体爆炸危险的物质和物品，如非起爆导火索、苦胺酸钠等。

④ 无重大危险的物质和物品。

⑤ 有整体爆炸危险但非常不敏感物质，其包括有整体爆炸危险性，但非常不敏感，以致在正常运输条件下引发或由燃烧转为爆炸的可能性很小的物质。

⑥ 无整体爆炸危险的极端不敏感物品，其包括仅含有极端不敏感起爆物质，并且其意外引发爆炸或传播的概率可忽略不计的物品。但是该项物品的危险仅限于单个物品的爆炸。

其危害：人有生命危险和物体被破坏。对这类危险品，只有做好事故的预防工作；一旦发生爆炸，是无法扑救的。对于扑救爆炸品火灾，禁用酸碱灭火器，切忌用砂土覆盖，以免增强爆炸物品爆炸时的威力。可用水或其他灭火器灭火，施救人员应配备防毒面具。

2. 气体

指在 50℃时，蒸气压力大于 300kPa 的物质或 20℃在 101.3kPa 标准压力下完全是气态的物质。在国家标准中包括压缩气体、液化气体、溶解气体和冷冻液化气体、一种或多种气体与一种或多种其他类别物质的蒸气的混合物、充有气体的物品和烟雾剂。

根据气体在运输中的主要危险性分为 3 项。

① 易燃气体　如压缩或液化的乙胺、一氧化碳、甲烷等。

② 非易燃无毒气体　如窒息性气体（氮气）、氧化性气体（氧气）或不属于其他项别的气体。

③ 毒性气体　如液氯、液氨等，对人类健康有较强的危害性。

3. 易燃液体

指在其闪点温度（其闭杯试验闪点不高于 60.5℃，或其开杯试验闪点不高于 65.6℃）时放出易燃蒸气的液体或液体混合物，或是在溶液或悬浮液中含有固体的液体，如汽油、丙酮、环乙烷等，但不包括由于其危险特性已列入其他类别的液体，或液态退敏爆炸品。

其危害：易燃、爆炸、热膨胀、流动扩散、易产生或聚集静电、有毒。

4. 易燃固体、易于自燃的物质、遇水放出易燃气体的物质

其危害如下。

① 易燃固体：易燃、爆炸、本身或其燃烧产物有毒或腐蚀性、遇湿易燃、自燃。如硫黄、赛璐珞、红磷、硝化纤维、樟脑和乙醇的混合物等。

② 自燃物品：遇空气自燃、遇湿易燃易爆、积热自燃、毒害腐蚀。如黄磷、三乙基铝等。

③ 遇湿放出易燃气体的物质：遇水易燃、遇氧化剂或酸着火爆炸、有毒或腐蚀。如金属钠、氢化钙等。

安全处理如下。

① 对撒漏的物品，应谨慎收集妥善处理。如金属钠、钾应浸入煤油或液体石蜡中。

② 易燃固体、自燃物品一般都可用水和泡沫灭火剂扑救，如散装硫黄燃烧时可用大量的水进行灭火。但是，当遇湿易燃物品着火时，严禁用水、酸碱灭火剂、泡沫灭火剂以及二氧化碳灭火剂，避免增加其危险，只能用干砂、干粉灭火。对本类物品的火灾扑救，应有防毒措施。

5. 氧化性物质和有机过氧化物

① 氧化性物质，如氯酸铵、高锰酸钾、双氧水以及其他含有过氧基的无机物都属于氧化性物质。

② 有机过氧化物，如过氧化苯甲酰、过氧化甲乙酮等。

其危害如下。

① 氧化性物质具有火灾、爆炸（接触有机物、易燃物）、中毒和腐蚀等。

② 有机过氧化物具有爆炸、火灾、中毒和腐蚀等。

安全处理如下。

① 撒漏时，应扫除干净；在用水冲洗。收集的撒漏物品，不得倒入原货件内。

② 过氧化物着火时，不能用水扑救；氧化剂用水灭火时，要防止水溶液流至易燃、易爆物品处。扑救有机过氧化物火灾时应特别注意爆炸的危险。

6. 毒性物质和感染性物质

（1）毒性物质　如各种氰化物、砷化物、农药、天然毒素、有毒重金属及其化合物。

（2）感染性物质　如生物制品、诊断样品、基因突变的微生物与生物体、携带病菌病毒的其他媒介、病毒蛋白等。

其危害如下。

有毒品可使人中毒身亡，有的毒品与其他物质反应可释放出有毒的气体或烟雾或发生爆炸，有许多有毒品同时还具有较强的腐蚀性。

安全处理如下。

① 固态有毒品撒漏时，应谨慎收集；液态有毒品渗漏时，可先用沙土、锯末等物吸收，妥善处理，被毒品污染的机具、车辆及仓库地面，应进行洗刷除污。

② 发生火灾时，使用低压水流或雾状水，避免有毒品飞溅伤人。

③ 处理撒漏毒害品和扑救毒害品火灾时，必须穿戴防护服、口罩、手套或防护面具，施救人员要站在上风处。发现头晕、恶心、呕吐等现象，要立即转移至空气新鲜处。

7. 放射性物质

如硝酸钍、夜光粉、铀等。

8. 腐蚀性物质

如硫酸、硝酸、盐酸等酸性腐蚀品；氢氧化钠、硫化钡等碱性腐蚀品；以及甲醛溶液、苯酚钠等其他腐蚀品。

其危害：具有腐蚀性、有毒性、有些具有自燃和易燃性及爆炸性。

安全处理如下。

① 发现液体酸性腐蚀品撒漏应及时撒上干砂土，清理干净后，再用水冲洗污染处；大量酸液溢漏时，可用石灰水中和。

② 腐蚀品着火时，不可用柱状高压水，应尽量使用低压水流或雾状水，以防腐蚀液体飞溅伤人。

③ 灭火时人站在上风口，扑救人员要注意防腐蚀、防毒气，必须穿戴防毒用品。

9. 杂项危险物质和物品

具有其他类别未包括的危险的物质和物品，如危害环境物质、高温物质，经过基因改性的微生物或组织等。

（三）危险化学品扑救须知

对于危险化学品的扑救，除了参照火灾扑救基本知识外，还应注意如下几点。

1. 禁止砂土覆盖的物品

爆炸物品一旦着火，一般来讲，只要不堆积过高、不装在密封容器内，散装不一定会形成爆炸。可以用密集的水流或喷雾水枪扑救。切忌用砂土覆盖、阻碍气体扩散、加速爆炸反应、增大爆炸威力。

2. 禁止用水（包括含水的泡沫灭火）的物品

（1）遇水燃烧物品火灾，不能用水和含水的泡沫灭火，因为遇水燃烧物品的化学性质活泼，能置换水中的氢，产生可燃气体，同时放了热量。如金属钾、金属钠遇水后，能置换水中的氢，产生的热量达到氢的燃点。

（2）氧化剂中的过氧化物与水反应，能放出氧加速燃烧。如过氧化钠、过氧化钾等。起火后不能用水扑救，要用干砂土、干粉扑救。

（3）硫酸、硝酸等酸类腐蚀物品，遇加压密集水流，会立即沸腾起来，使酸液四处飞溅。所以，发烟硫酸、氯磺酸、浓硝酸等发生火灾后，宜用雾状水、干砂土、二氧化碳灭火剂扑救。

（4）有的化学危险物品遇水能产生有毒或腐蚀性的气体，如甲基二氯硅烷、三氯甲基硅烷、磷化锌、氯化硫等遇水后，能和水中的氢生成有毒或有腐蚀性的气体。

（5）粉状物品如硫黄粉，有机颜料、粉剂农药等起火，不能用加压水冲击，以防粉末飞扬，扩大事故。可用雾状水。

（6）相对密度小于1，且不溶水的易燃液体有机氧化剂发生火灾，不能用水扑救。因水会沉在液体下面，可能形成喷溅、漂流而扩大火灾。

上述物品的火灾，宜用泡沫、干粉、二氧化碳、1211等扑救。

3. 禁用泡沫灭火的物品

一部分毒害品中的氰化物，如氰化钠、氰化钾及其他氰化物等，遇泡沫中酸性物质能生成剧毒气体氰化氢。因此，不能用化学泡沫灭火，可用水及砂土扑救。

4. 禁止使用二氧化碳灭火的物品

遇水燃烧物品中锂、钠、钾、铯、锶、镁、铝粉等，因为它们的金属性质十分活泼，能夺取二氧化碳中的氧，起化学反应而燃烧。这类物品起火后，目前只通用干砂土扑救，也可以用1211扑救。

易燃固体中闪光粉、镁粉、铝粉、镍合金氢化催化剂等，也不能用二氧化碳灭火。

另外，要禁止站在下风方向和不佩戴氧气呼吸器或空气呼吸器等防毒面具，而扑救无机毒品中的氰化物，磷、砷、硒的化合物及大部分有机毒品火灾。

七、用电安全

电给人类带来光明，造福人类，如果用电不当，电会给人类造成伤害和其他的危害。因此，我们在用电的过程中，必须重视电气安全问题，每个人都应了解一些安全用电的知识。

（一）电流对人体的伤害

1. 电的基本知识

电流（I）：电荷（有＋、－电荷）有规则的定向运动，就形成了电流。（电流单位量用A表示）

电压（V）：电路中任意两点之间的电位差称为两点间的电压。正电荷从高电位向低电位移动。

电阻（R）：导体具有传导电的能力，但在传导电流的同时又有阻碍电流通过的作用，这种阻碍作用，称为导体的电阻。（电阻单位量用欧姆表示）

直流电指大小和方向始终保持不变的电流，称为直流电。

交流电指大小和方向随时间作周期性交变的电流，称为交流电。

2. 电流对人体伤害的形式

触电一般是指人体触及带电体。由于人体是导电体，人体触及带电体，电流会对人体造或伤害。电流对人体有两种类型的伤害，即电击和电伤。

（1）电击 电击指电流通过人体造成人体内部伤害。电流对呼吸、心脏及神经系统的伤害，使人出现痉挛、呼吸窒息、心颤、心跳骤停等症状，严重时会致人死亡。

按照人体触及带电体的方式和电流通人体的途径，触电可以分为三种形式。

① 单相触电 指人们在地面或其他导体上，人体某一部位触及一相带电体的触电事故。绝大多数触电事故都是单相触电事故，一般都是由于开关、灯头、导线及电动机有缺陷而造成的。

② 两相触电 指人体两处同时触及两相带电体的触电事故。这种触电的危险性比较大，因为这种触电加于人体的电压比较大。

③ 跨步电压触电 当带电体接地短路、电流流入地下时，会在带电体接地点周围的地面上形成一定的电场（即产生电压降）。此电场的电位分布是不均匀的，它是以接地点为圆心逐渐向外降低。如果人的双脚分开站立，就会承受到地面上不同点之间的电位差（即两脚接触不同的电压），此电位差就是跨步电压。跨步距离越大，则跨步电压越高。由此引起的触电事故称为跨步电压触电。

（2）电伤 电击是指电流的热效应、化学效应、机械效应作用对人体造成的局部伤害，它可以是电流通过人体直接引起的也可以是电弧或电火花引起的。包括电弧烧伤、烫伤、电烙印、皮肤金属化、电气机械性伤害、电光眼等不同形式的伤害（电工高空作业不小心跌下造成的骨折或跌伤也算作电伤），其临床表现为头晕、心跳加剧、出冷汗或恶心、呕吐，此外皮肤烧伤处疼痛。

3. 电流对人体的有害作用

电流通过人体，会引起针刺感、压迫感、打击感、痉挛、疼痛乃至血压升高、昏迷、心律不齐、心室颤动等症状。

电流通过人体内部，对人体伤害的严重程度与通过人体电流的大小有关，与电流通过人体的持续时间长短有关，与电流通过人体的途径有关（通过心脏、中枢神经系统、脑危害最大），与电流的种类有关（直流、交流、电流频率大小，50Hz频率最危险），与人体的状况有关等多种因素（女比男、不健康比健康、流汗比不流汗、小孩比大人等易触电）有关，而且各因素之间，特别是电流大小与通电时间之间有着十分密切的关系。

（二）防止触电事故的措施

1. 防止触电事故的技术措施

防止触电事故，除了思想上提高对用电安全的认识，树立安全第一、精心操作的思想，以及采取必要的组织措施外，还必须依靠一些完善的技术措施，其技术措施一般有以下几方面。

（1）绝缘、屏护、障碍、间隔

① 绝缘　用绝缘的方法来防止触及带电体。

② 屏护　用屏障或围栏防止触及带电体。屏障或围栏除能防止无意触及带电体外，还可以使人意识到超越屏障或围栏会有危险而不会有意识触及带电体。起到警告、禁止的作用。

③ 障碍　设置障碍以防止无意触及带电体或接近带电体，但不能防止有意绕过障碍去触及带电体。

④ 间隔　保持间隔以防止无意触及带电体。

（2）漏电保护装置　漏电保护装置的作用主要是当设备漏电时，可以断开电源，防止由于漏电引起触电事故。

（3）安全电压　我们国家安全电压采用交流额定值 42V、36V、24V、12V、6V 五个电压值。进入金属容器或特别潮湿场所要使用 12V 以下电压照明。

（4）保护接地和接零　保护接地和保护接零是防止人体接触带电金属外壳引起触电事故的基本有效措施。

① 保护接零　将电气设备在正常情况下不带电的金属外壳与变压器中性点引出的工作零线或保护零线相连接，这种方式称为保护接零。当某相带电部分碰触电气设备的金属外壳时，通过设备外壳形成该相线对零线的单相短路回路，该短路电流较大，足以保证在最短的时间内使熔丝熔断、保护装置或自动开关跳闸，从而切断电流，保障了人身安全。

② 保护接地　保护接地是指将电气设备平时不带电的金属外壳用专门设置的接地装置实行良好的金属性连接。保护接地的作用是当设备金属外壳意外带电时，将其对地电压限制在规定的安全范围内，消除或减小触电的危险。保护接地最常用于低压不接地配电网中的电气设备。

2. 车间常用电器设备的安全要求

（1）电动机、开关电器、保护电器　防爆区必须使用防爆电动机和开关电器并且负荷必须匹配，严禁超负荷使用，严禁超温（<80℃），严禁二相运行；发现保护电器动作，应找出原因后再用容量相符的熔丝换上。（严禁以大代小）

（2）照明装置　防爆区必须使用防爆型照明装置，电线必须穿管并接地，螺口灯头的螺纹应接到中性线上，特殊照明应用 36V 照明，防爆区照明灯泡要求在 60W 以下，白炽灯泡不得接近易燃物、可燃物。

3. 移动电具的安全使用

移动电具种类很多，如手电钻、手电砂轮、电风扇、电切割机、行灯、电焊机、电烙铁、电炉、电吹风、电剪刀、电刨等均属移动电具。必须妥善保管、经常检查、正确使用，确保安全使用。

4. 用电安全注意事项

① 不准玩弄电气设备和开关；

② 不准非电工拆装、修理电气设备和用具；

③ 不准私拉乱接电气设备；

④ 不准使用绝缘损坏的电气设备；

⑤ 不准使用电热设备和灯泡取暖；

⑥ 不准用容量不符的熔断丝替代；

⑦ 不准擅自移动电气安全标志、围栏等安全设施；

⑧ 不准使用检修中的机器的电气设备；

⑨ 不准用水冲洗或用湿毛巾擦洗电气设备；

⑩ 不准乱动土挖土，以防损坏地下电缆。

（三）触电急救

在使用电气设备中，由于种种原因而发生触电事故，千万不要惊慌失措，应当采取正确的、果断的措施，进行抢救，切不可因抢救失误而造成严重的后果。因此，每一名职工都应懂得触电急救知识。

触电急救的要点是动作迅速、方法正确。人触电后，会出现神经麻痹、呼吸中断、心脏停止跳动等呈现昏迷不醒的症状，这是一种假死现象，必须迅速、正确、持久地进行抢救。抢救方法具体如下。

① 当发现有人触电，抢救人员尽快切断电源或用干燥的、不导电物体使触电者脱离电源，防止自身触电。

② 将触电者移至空气新鲜的地方，轻度触电者会逐渐恢复正常。

③ 重度触电者视心跳和呼吸情况，分别进行人工心脏按压法或人工呼吸法或二项方法同时进行抢救。

④ 在抢救的同时拨打120或999急救电话。在送医院的途中必须坚持抢救，绝不能半途而废、停止抢救。

（四）化工静电安全

静电现象是一种常见的带电现象。在日常生活中，我们会经常发现和感受到。静电常用在除尘、喷漆、植绒、选矿和复印等方面。在化工生产中，由于物料的输送、搅拌、流动、冲刷、喷射等都会产生和积聚静电，严重威胁生产的安全。静电电量虽然不大，但电压很高，容易发生火花放电，从而引起火灾、爆炸或电击等事故。为此，我们必须重视静电的安全，懂得一些静电的知识。

1. 静电的危害

（1）爆炸和火灾　爆炸和火灾是静电危害中最为严重的事故。

在有可燃液体作业场所（如油料装运等），可能因静电火花放出的能量超过爆炸性混合物的最小引燃能量值，引起爆炸和火灾；在有可燃气体或蒸气、爆炸性混合物或粉尘、纤维爆炸性混合物（如氧、乙炔、煤粉、面粉等）的场所如果浓度已达到混合物爆炸的极限，可能因静电火花引起爆炸及火灾。

静电造成爆炸或火灾事故情况在石油、化工、橡胶、造纸印刷、粉末加工等行业中较为严重。

（2）静电电击　静电电击可能发生在人体接近带电物体时，也可能发生在带静电的人体接近接地导体或其他导体时。电击的伤害程度与静电能量的大小有关，它所导致的电击，不会达到致命的程度，但是因电击的冲击能使人失去平衡，发生坠落、摔伤，造成二次伤害。

（3）妨碍生产　生产过程中如不清除静电，往往会妨碍生产或降低产品质量。静电对生产的危害有静电力学现象和静电放电现象两个方面。因静电力学现象而产生的故障有：筛孔堵塞、纺织纱线缠结、印刷品的字迹深浅不均等。因静电放电现象产生的故障有：放电电流导致半导体元件及电子元件损毁或误动作，导致照相胶片感光而报废等。

2. 静电危害的防护

清除静电危害的方法有：加速工艺过程中的泄漏或中和；限制静电的积累使其不超过安全限度；控制工艺流程，限制静电的产生，使其不超过安全值等。

（1）泄漏法　这种方法是采取接地、增湿、加入抗静电添加剂等措施，使已产生的静电电荷泄漏、消散，避免静电的积累。

① 接地　接地是消除静电危害最简单、最常用的方法。静电接地的连接线应能保证足够的机械强度和稳定性，连接牢固可靠，不得有任何中断之处。静电的接地电阻要求不高，1000Ω 即可。

② 增湿　增湿即增加现场的相对湿度。随着湿度的增加，绝缘体表面上结成薄薄的水膜，能使其表面电阻大为降低，从而加速静电的泄漏。还可以通过安装空调设备、加湿喷雾器来增加湿度。增湿应根据生产具体情况而定，从消除静电危害角度考虑，保持相对湿度在70％以上较为合适。

③ 加入抗静电添加剂　抗静电添加剂是具有良好吸湿性或导电性能加速静电的泄漏，消除静电的危害。

（2）中和法　这种方法是采用静电中和器或其他方式产生原有静电极性相反的电荷，使已产生的静电得到中和而消除，避免静电积累。

（3）工艺控制法　这种方法是在材料选择工艺设计，设备结构等方面采取措施，控制静电的产生，使其不超过危险程度。

八、运输安全

当今，交通事故已成为危害世界各国社会和经济发展及人们生活安全的社会问题。美国把交通事故比做一场战争，日本把交通事故比做一个地狱，也有人把交通事故叫做人类的"头号杀手"。

广义的交通运输安全包括陆上交通安全、水上交通安全、航空交通安全。其中陆上交通安全包括火车铁路交通安全和公路交通安全：铁路交通安全方面有火车出轨、交叉道口等交通事故。

水上交通安全事故有泰坦尼克号沉船等，都造成了巨大的人员伤亡和财广损失。

（一）航空运输安全

1. 航空运输特点

（1）速度快　到目前为止，飞机仍然是最快捷的交通工具，常见的喷气式飞机的经济巡航速度在每小时 850～900km。

（2）安全　航空运输中，对飞机适航性要求极其严格，没有适航证的飞机不允许飞行。

尽管飞行事故中有可能出现机毁人亡（最严重的事故），但按单位客运周转量或单位飞行时间死亡率来衡量，航空运输的安全性是很高的。

（3）货物空运的包装要求通常比其他运输方式要低　在空运时，用一张塑料薄膜包裹货盘货物并不少见。空中航行的平顺性和自动着陆系统减少了货损的可能性，因此可以降低包装要求。

（4）载运能力低，单位运输成本高　因飞机的机舱容积和载重能力较小，因此，单位运输周转量的能耗较大。除此之外，机械维护及保养成本也很高。

（5）受气候条件限制　因飞行条件要求很高（保证安全）气候条件的限制，从而影响运输的准点性与正常性。

（6）可达性差　通常情况下，航空运输都难以实现客货的其他运输工具（主要为汽车）转运。航空运输的上述特点，使得它主要担负以下功能：①中长途旅客运输，这是航空运输的主要收入来源；②鲜活易腐等特种货物以及价值较高或紧急物资的运输；③邮政运输，但近几年空中航空交通事故频发，给人类现代文明生活抹上了浓重的阴影。

2. 造成空难事故的因素

① 机械原因；

② 操作失误、超载、抢飞等人为因素；

③ 气候原因。

（二）水路交通安全

1. 水路运输及分类

水路运输是指利用船舶、排筏和其他浮运工具，在江、河、湖泊、人工水道以及海洋上运送旅客和货物的运输方式。

水路运输按其航行的区域，大体上可划分为远洋运输、沿海运输和内河运输三种类型。远洋运输通常是指除沿海运输以外所有的海上运输，在实际工作中又有"远洋"和"近洋"之分。

2. 水路运输特点

水路运输具有以下优点：①可以利用天然水道，线路投资少，且节省土地资源；②船舶沿水道浮动运行，可实现大吨位运输，降低运输成本，对于非液体商品的运输而言，水运一般是运输成本最低的方式；③江、河、湖、海相互贯通，沿水道可以实现长距离运输。但水路运输也存在着一些缺点，如：①船舶平均航速较低；②船舶航行受气候条件影响较大，如在冬季常存在断航之虞，断航将使水运用户的存货成本上升，这就决定了水运主要承运低值商品；③可达性较差，如果托运人或收货人不在航道上，就要依靠汽车或铁路运输进行转运；④同其他运输方式相比，水运（尤其是海洋运输）对货运的载运和搬运有更高的要求。

根据水路运输的上述特点，在综合运输体系中，水路运输的功能主要是：①承担大批量货物，特别是散装货物运输；②承担原料、半成品，如建材、石油、煤炭、矿石和粮食等低价货物运输；③承担国际贸易运输，是国际商品贸易的主要运输工具之一。

3. 水路运输事故原因

发生水上交通事故的原因一般包括：船舶工具因素、气候原因、人为因素。超载、违禁出航、临危处置失误，是造成水上安全事故的主要原因。

（三）道路交通安全

1. 道路交通事故的定义

狭义的交通事故仅指道路交通事故或公路道路交通事故，统计数据表明，其占全部交通运输事故的比例达 90％以上。2004 年 5 月，我国颁布实施了《道路交通安全法》，所谓道路交通事故，是指"凡车辆、人员在特定道路通行过程中，由于当事人违反交通法规和一般通行原则或依法应承担责任的行为而造成的人、畜伤亡和车物损失的交通事件，均为交通事故。"

2. 事故成因

人，主要包括道路上的行人和车辆驾驶员，他们是道路交通动态要素中的主体。所以，离开人的交通行为，是不可能造成交通事故的。而车，主要指机动车、非机动车、畜力车、残疾人专用车等，一般来说，由于人的因素，才使车辆发生了交通效应，从而使车成为了交通事故构成的主要因素。而道路是交通体系中的必要条件之一，构成交通事故的必要条件的环境往往被称为交通事故的诱发条件。

如果单纯从人、车、路、环境而言，它们是四个完全不同的概念。但是，这四者在交通系统中有着相互协调、互相依赖、互相作用的密切关系，其中任何一个要素失调，都会导致交通事故以某种形态发生。因此，要保证交通安全，取决于各要素的完善程度。道路交通事故严重威胁着人类的生命和财产安全。美国、法国、日本等一些发达国家，从 20 世纪 50 年代开始对交通事故在理论上深入研究，在实践上加大综合治理的力度，收到了良好的成效。因此，对交通事故的成因分析也是理论研究和实施综合治理的一个重要措施。

陆上公路交通（道路交通）事故不胜枚举。为了彻底改变交通安全现状，遏制重、特大交通安全事故上升的势头，根据公安部对 2004 年的事故统计，道路交通事故的特点分析如下。

（1）人的因素　从道路交通事故类型、交通事故发生的原因分析可以看出，有 80％～85％的交通事故是由于人的违章行为造成的。

① 公路死亡事故仍占较大比例，公路交通事故死亡人数为城市道路交通事故死亡人数的 3 倍。特别是二、三级公路事故多发。

② 从事故形态看，机动车碰撞占绝大比例。其中包括正面相撞事故、侧面相撞事故、尾随相撞事故。

③ 从肇事交通方式看，首先是机动车肇事突出，而机动车中货车、客车肇事最为突出。

④ 从肇事机动车驾驶人情况看，首先是短驾龄的驾驶人肇事严重，其次是驾驶人无证驾驶机动车肇事突出。

⑤ 从事故直接原因看，超速行驶、违章操作、违章占道行驶、不按规定让行、违章超车、酒后驾车、违章会车、疲劳驾车和纵向间距过短等违章行为导致的死亡事故尤其严重。

（2）车辆因素　车辆是现代道路交通的主要运行工具。车辆技术性能的好坏，是影响道路交通安全的重要因素。由于车辆技术性能不良引起的交通事故比例并不大，但这类事故一旦发生，其后果一般都是比较严重的，这类事故的起因通常是由于制动失灵、机件失灵和车辆装载超高、超宽、超载及货物绑扎不牢固所致。另外，车辆行驶过程中，各种机件承受着反复交变载荷，当载荷超过一定数量时就可能突然发生疲劳而酿成交通事故。除此之外，一些单位维修制度不完善、不落实，车辆检验方法落后，致使一些车辆常常因"带病"行驶而肇事，这也是车辆本身造成事故的原因。对这类事故在排除责任事故后，统称为"车辆机械事故"。

据典型调查统计，现有运行车辆中有 50％左右属于机构失调、"带病"运行，特别是个体车辆情况更为严重。

（3）道路因素　道路交通的安全取决于交通过程中人、车、路、环境之间是否保持协调，因此，除了前两个因素以外，道路本身的技术等级、设施条件及交通环境作为构成道路交通的基本要素，它们对交通安全的影响是不容忽视的，在某些情况下，它们可能成为导致交通事故发生的主要原因。

① 坡度、弯度。

② 道路路面状况（影响路面和车轮之间的附着性，即摩擦系数）。

③ 道路类型，有统计数据表明，高速道路的事故率比普通道路低。

④ 道路交叉口，国外统计资料表明，平面交叉口的交通事故约占全部事故的 50％。

（4）交通环境因素

① 在交通量很小时，车辆的行驶主要取决于车辆本身的性能。这个阶段的交通肇事往往是由于高速行驶、冒险行车、汽车的运行与道路条件不相适应所致。随着交通量的不断增加，交通条件逐渐成为影响安全行车的主要因素，由于车辆的相互干扰、互成障碍、超车不当、避让不及，常导致交通肇事。因此，在行车中，妥善控制行车速度是减少交通事故的重要环节。

② 车速太快或太慢均易肇事，而顺应交通流的一般速度则是最安全的。当然，从整个交通流来说，在交通量一定的情况下，交通流的平均速度越低，交通事故率也越低；反之，则交通事故率高。

3. 保证交通安全的主要途径

（1）交通教育　所谓"交通教育"就是指"交通安全教育"。为了提高交通安全，全世界各国都十分注意交通安全教育，交通安全教育主要分为两大部分，即对机动车驾驶员的教育和对全社会人员的安全教育。

① 对驾驶员的教育内容主要分为驾驶员定期学习交通法规；学习机动车的新技术、新操作技能、机械理论，对驾驶员定期进行的理论考核、操纵考核和车辆审验都可以归纳到这个范围内。

② 对全社会人员的教育主要是学校教育，国外十分重视交通安全的学校教育。1920～1925 年，美国在中小学实行了交通安全教育。实验证明，受过交通安全教育的中小学生的交通事故率明显下降。目前，发达国家在中小学开设交通安全课已经十分普遍，在欠发达国家给中小学开设交通安全课的尚属少数。我国在一定数量的大中城市虽然也开展了对中小学生的交通安全教育，但作为课程开设的还不普遍，交通安全活动开展得也不普遍，这是十分遗憾的事情。

利用一切新闻媒介和宣传手段对全社会进行交通安全教育和对交通法规的宣传是交通安全社会教育的主要方法和内容，目的是加强和提高人们的交通安全意识和交通法制的观念，从而达到全面提高交通安全的水平。

（2）交通立法　交通立法就是对交通的法治。法治是管理学科的一个重要内容，是事务管理的最有效方法之一。法制的首要条件是立法。对交通管理进行立法，是为全社会人们制定了一个交通行为准则，其目的是要人们在进行交通行为时自觉地约束自己，同时给予了交通管理者一个执法的依据。

交通立法包括全国性的"法规"和地方性的"法规"两种，有人把全国性法规称为"通则"，地方性法规是执法者在"通则"指导下的"因地制宜"的执法依据。一般情况下，地方法规不能违背全国性法规的条款。

（3）设施建设　设施建设主要指道路建设数量和质量的建设及车辆性能和交通管理水平的提高两部分。

① 道路是为车辆行驶服务的，道路数量的增加可以有效地进行交通分流，是减少交通事故的有效方法之一。同时，道路的质量对行车安全也是十分重要的，在高级（次高级）和中低级路面的道路上，在同等交通流量和同等管理水平下，中低级路面的道路上交通事故发生的概率要大于高级（次高级）路面事故发生的概率值。道路的沿线设施是否完备，是能否降低交通事故的重要因素。沿线设施比较差的道路，交通事故的发生率要大大高于沿线设施比较完善的同级道路。当然，道路的管理水平也是影响道路安全度的一个重要因素。

② 道路和沿线设施是发生交通事故的静态环境，而机动车辆是发生交通事故的重要动态因素。排除了驾驶员的因素，车辆的基本性能也是导致事故可能发生的原因。当今，汽车的性能比 20 世纪 70～80 年代有了大幅度的提高，合适的行车环境和适应的驾驶水平是减少交通事故的理想条件。

道路交通的管理水平也是事故发生多少的标志，一个具有先进的交通管理设施和具有高科技管理手段的交通管理队伍，是减少交通事故最有利的因素。

4. 保证交通安全的一些具体措施

① 汽车上安装安全玻璃，配备安全带，安装避险安全气囊，驾驶员的座位应有靠枕，备有道路防滑设备。

② 道路的设计要求更合理和更科学，道路沿线应该有完备的交通设施和服务机构，道路的数量应该和道路交通运输相配套。

③ 人车分流，进行合理的交通渠化，科学地控制道路的进、出口。

④ 有条件的道路应该实施立体交叉，对平面交叉要进行科学的管理，应用高科技管理设备和措施。

⑤ 实现国家和地方两级的交通立法，全面实行交通法治的科学手段。

⑥ 大力发展交通通信事业，加强车与车、车与交通指挥中心及社会的通信联系。交通信息的有效传递，能够增加驾驶员安全驾驶的能力。

⑦ 道路的沿线应该设置道路交通信息动态信息板，及时地向驾驶员传递道路具体情况、天气情况等，使驾驶员能做到有的放矢地进行驾驶，增加驾驶的安全性。

⑧ 应用高科技技术，提高车辆的防撞能力和智能化程度，有效地减少车辆的碰撞、追尾事故发生。

⑨ 按期培训机动车驾驶员的技术能力，及时介绍关于车辆、道路等方面的新科技、新技术、新产品。

⑩ 通过限制交通流量的方法来保证交通安全，在任何道路段通过对道路的通行能力计算，并利用该路段交通流特性的分析，找到一个最佳的交通量。当交通量达到此值时，将对道路的入口进行流量的控制，以调整路段的交通量保持在最佳值；同时，路段的管理者在流

量调整阶段，向车辆发布分流信息，提供最佳绕行路线。

⑪ 维持路段交通流的整体流速，以保证道路的交通安全，对那些达不到交通流整体流速宽度的车辆，进行及时分流，以减轻交通流的波动度。

⑫ 改善交通的控制设施，合理设置交通控制信号，力争做到交通流的线控制和面控制。

⑬ 及时改善事故多发地点或路段的交通条件。事故多发地点和路段一般通过调查分析来确定。

⑭ 限制车速的方法：当车速超过道路条件、交通条件所能允许的范围时，容易发生交通事故，因此，需要由立法、规划、划线、修颠簸车道的方法限制车速。

第二节　个人防护训练

一、知识储备

安全是人类发展的最基本要求，是生命与健康的基本保障，一切生活、生产经营活动都源于生命的存在，如果失去了生命，也就失去了一切，所以安全就是生命。然而在生产工作中，由于工作条件、接触毒物、不良气象条件、生物因素、不合理的劳动组织以及恶劣的卫生条件等原因，都会对人体造成急、慢性危害或工伤事故，严重地危及劳动者身体健康和生命安全。

为了预防上述伤害、保证劳动者的安全，我国已建立一系列的安全生产法规，采取各种安全技术措施来控制和减少生产中的危害。如要求企业改善劳动条件、消除危害源、佩戴劳动防护用品等。在这些措施中，改善劳动条件、消除危害源是根本性的措施，而使用劳动防护用品，只是一种预防性的辅助措施。

《安全生产法》第37条规定，生产经营单位必须为从业人员提供符合国家标准或者行业标准的劳动防护用品，并监督、教育从业人员按照使用规则佩戴、使用。

（一）劳动防护用品的定义

劳动防护用品是指保护劳动者在生产过程中的人身安全与健康所必备的一种防御性装备，对于减少职业危害起着相当重要的作用。

（二）劳动防护用品的分类

1. 头部防护用品

是用于保护头部，防撞击、挤压伤害的护具（图3-1、图3-2）。

2. 眼、面、耳部防护用品

用以保护作业人员的眼睛、面部、耳部，防止外来伤害。眼面部防护用品包括眼镜、眼罩和面罩三类，具有耐燃性、耐腐蚀性。耳部防护用品包括防护耳罩和防护耳塞（图3-3～图3-6）。

3. 呼吸器官防护

职业中毒的15％左右是吸入毒物所致，因此要消除尘肺、职业中毒、缺氧窒息等职业病，防止毒物从呼吸器官侵入，必须佩戴适当的呼吸防护用品。

呼吸防护用品分为过滤式和隔绝式两种。过滤式呼吸防护用品是依据过滤吸收的原理，

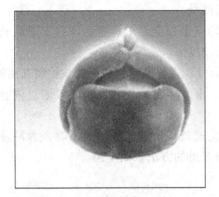

图 3-1 内盔式防寒安全帽

图 3-2 BJLY-1-15 型安全帽

图 3-3 防护眼罩

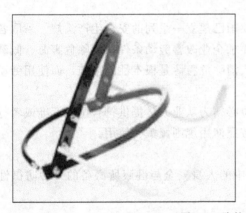

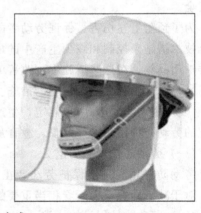

图 3-4 防护面罩及佩戴方式

利用过滤材料滤除空气中的有毒、有害物质，将受污染空气转变为清洁空气供人员呼吸的一类呼吸防护用品。如防尘口罩、防毒口罩和过滤式防毒面具（图 3-7、图 3-8）。

隔绝式呼吸防护用品是依据隔绝的原理，使人员呼吸器官、眼睛和面部与外界受污染空气隔绝，依靠自身携带的气源或靠导气管引入受污染环境以外的洁净空气为气源供气，保障人员正常呼吸和呼吸防护用品，也称为隔绝式防毒面具，如生氧式防毒面具、长管呼吸器及空气呼吸器等（图 3-9、图 3-10）。

4. 手部防护用品

手部防护用品主要包括防护手套和防护套袖两大类。其中防护手套有耐酸碱手套、焊工手套、防 X 射线手套、防水手套、防毒手套、防机械伤害手套、防静电手套、防振手套、

图 3-5　防护耳罩

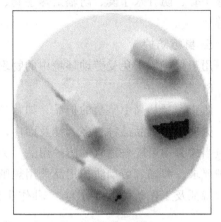

图 3-6　防护耳塞

图 3-7　防尘口罩

图 3-8　滤毒罐

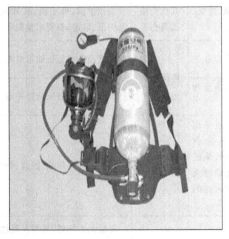

图 3-9　正压呼吸器

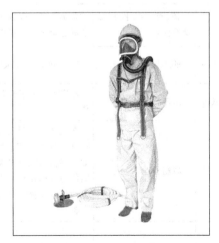

图 3-10　长管呼吸器

防寒手套、防开水手套、防辐射热手套、耐火阻燃手套、电热手套、防微波手套和耐切割手套等。

5. 身躯防护

用于保护职工免受劳动环境中的物理、化学因素的伤害。如阻燃隔热服、防化服等。

6. 高空防护

防止人员从高空坠落的护品。如背带、安全绳等。

劳动保护用品品种繁多，涉及面广，正确配置是保证生产者安全与健康的前提。用人单位应当为劳动者配备适宜的防护用品，劳动者有必要了解配置防护用品是否符合国家规定的防护要求。我国《劳动防护用品选用规则》（GB/T 11651—2008）中，按照工作环境中主要危险特征及工作条件特点分为 39 种作业类别，见表 3-13。

表 3-13 作业类别及主要危险特征举例

编号	作业类别	说明	可能造成的事故类型	举例
A01	存在物体坠落、撞击作业	物体坠落或横向上可能有物体相撞的作业	物体打击与碰撞	建筑安装、桥梁建设、采矿、钻探、造船、起重、森林采伐
A02	有碎屑飞溅的作业	加工过程中可能有切削飞溅的作业		破碎、锤击、铸件切削、砂轮打磨、高压流体
A03	操作转动机械作业	机械设备运行中引起的绞、碾等伤害的作业	机械伤害	机床、传动机械
A04	接触锋利器具作业	生产中使用的生产工具或加工产品易对操作者产生割伤、刺伤等伤害的作业		金属加工的打毛清边、玻璃装配与加工
A05	地面存在尖利器物作业	工作平面上可能存在对工作者脚部或腿部产生刺伤伤害的作业	其他	森林作业、建筑工地
A06	手持振动机械作业	生产中使用手持振动工具，直接作用于人的手臂系统的机械振动或冲击作业	机械伤害	风钻、风铲、油锯
A07	人承受全身振动的作业	承受振动或处于不易忍受的振动环境中的作业		田间机械作业驾驶、林业作业
A08	铲、装、吊、推机械操作作业	各类活动范围较小的重型采掘、建筑、装载起重设备的操作与驾驶作业	其他运输工具伤害	操作铲机、推土机、装卸机、天车、龙门吊、塔吊、单臂起重机等机械
A09	低压带电作业	额定电压小于 1kV 的带电操作作业	电流伤害	低压设备或低压线带电维修
A10	高压带电作业	额定电压大于或等于 1kV 的带电操作作业		高压设备或高压线路带电维修
A11	高温作业	在生产劳动过程中，其工作地点平均 WBGT 指数等于或大于 25℃的作业，例如，热的液体、气体对人体的烫伤，热的固体与人体接触引起的灼伤，火焰对人体的烧伤以及炽热源的热辐射对人体的伤害	热烧灼	熔炼、浇注、热轧、锻造、炉窑作业
A12	易燃易爆场所作业	易燃易爆品失去控制的燃烧引发火灾	火灾	接触火工材料、易挥发易燃的液体及化学品、可燃性气体的作业，如汽油、甲烷等

编号	作业类别	说明	可能造成的事故类型	举例
A13	可燃性粉尘场所作业	工作场所中存有常温、常压下可燃固体物质粉尘的作业	化学爆炸	接触可燃性化学粉尘的作业,如铝镁粉等
A14	高处作业	坠落高度基准面大于2m的作业	坠落	室外建筑安装、架线、高崖作业、货物堆砌
A15	井下作业	存在矿山工作面、巷道侧壁的支护不当,压力过大造成的坍塌或顶板坍塌,以及高势能水意外流向低势能区域的作业	冒顶片帮、透水	井下采掘、运输、安装
A16	地下作业	进行地下管网的铺设及地下挖掘的作业		地下开拓建筑安装
A17	水上作业	有落水危险的水上作业	影响呼吸	水上作业平台、水上运输、木材水运、水产养殖与捕捞
A18	潜水作业	需潜入水面以下的作业		水下采集、救捞、水下养殖、水下勘查、水下建造、焊接与切割
A19	吸入性气相毒物作业	工作场所中存有常温、常压下呈气体或蒸气状态、经呼吸道吸入能产生毒害物质的作业	毒物伤害	接触氯气、一氧化碳、硫化氢、氯乙烯、光气、汞的作业
A20	密闭场所作业	在空气不流通的场所中作业,包括在缺氧即空气中含氧浓度小于18%和毒气、有毒气溶胶超过标准并不能排除等场所中作业	影响呼吸	密闭的罐体、房仓、孔道或排水系统、炉窑、存放耗氧器具或生物体进行耗氧过程的密闭空间
A21	吸入性气溶胶毒物作业	工作场所中存有常温、常压下呈气溶胶状态、经呼吸道吸入能产生毒害物质的作业		接触铝、铬、铍、锰、镉等有毒金属及其化合物的烟雾和粉尘、沥青烟雾、石棉尘及其他有害的动(植)物性粉尘的作业
A22	沾染性毒物作业	工作场所中存有能黏附于皮肤、衣物上,经皮肤吸收产生伤害或对皮肤产生毒害物质的作业	毒物伤害	接触有机磷农药、有机汞化合物、苯和苯的二及三硝基化合物、放射性物质的作业
A23	生物性毒物作业	工作场所中有感染或吸收生物毒素危险的作业		有毒性动植物养殖、生物毒素培养制剂、带菌或含有生物毒素的制品加工处理、腐烂物品处理、防疫检验
A24	噪声作业	声级大于85dB的环境中的作业	其他	风钻、气锤、铆接、钢筒内的敲击或铲锈
A25	强光作业	强光源或产生强烈红外辐射和紫外辐射的作业		弧光、电弧焊、炉窑作业
A26	激光作业	激光发射与加工的作业		激光加工金属、激光焊接、激光测量、激光通信
A27	荧光屏作业	长期从事荧光屏操作与识别的作业	辐射伤害	电脑操作、电视机调试
A28	微波作业	微波发射与使用的作业		微波机调试、微波发射、微波加工与利用
A29	射线作业	产生电离辐射的、辐射剂量超过标准的作业		放射性矿物的开采、选矿、冶炼、加工、核废料或核事故处理、放射性物质使用、X射线检测

编号	作业类别	说明	可能造成的事故类型	举例
A30	腐蚀性作业	产生或使用腐蚀性物质的作业	化学灼伤	二氧化硫气体净化、酸洗、化学镀膜
A31	易污作业	容易污秽皮肤或衣物的作业	其他	炭黑、染色、涂料、有关的卫生工程
A32	恶味作业	产生难闻气味或恶味不易清除的作业	影响呼吸	熬胶、恶臭物质处理与加工
A33	低温作业	在生产劳动过程中，其工作地点平均气温等于或低于 5℃ 的作业	影响体温调节	冰库
A34	人工搬运作业	通过人力搬运，不使用机械或其他自动化设备的作业	其他	人力抬、扛、推、搬移
A35	野外作业	从事野外露天作业	影响体温调节	地质勘探、大地测量
A36	涉水作业	作业中需接触大量水或须立于水中	其他	矿井、隧道、水力采掘、地质钻探、下水工程、污水处理
A37	车辆驾驶作业	各类机动车辆驾驶的作业	车辆伤害	汽车驾驶
A38	一般性作业	无上述作业特征的普通作业	其他	自动化控制、缝纫、工作台上手工胶合与包装、精细装配与加工
A39	其他作业	A01～A38 以外的作业		

二、技能测试

（一）实验目的

掌握一些主要的个体防护用品的工作原理及使用方法，使学生了解个体防护用品对预防职业危害的重要意义，培养学生积极的预防意识。

（二）实验仪器材料

防护帽、呼吸防护器、防噪声帽盔等。

（三）实验步骤

1. 防护帽

（1）佩戴前，应检查安全帽各配件有无破损、装配是否牢固、帽衬调节部分是否卡紧、插口是否牢靠、绳带是否系紧等，若帽衬与帽壳之间的距离不在 25～50mm 之间，应用顶绳调节到规定的范围。确信各部件完好后方可使用。

（2）根据使用者头的大小，将帽箍长度调节到适宜位置（松紧适度）。高空作业人员佩戴的安全帽，要有下颏带和后颈箍并应拴牢，以防帽子滑落与脱掉。

（3）安全帽在使用时受到较大冲击后，无论是否发现帽壳有明显的断裂纹或变形，都应停止使用，更换受损的安全帽。一般安全帽的使用期限不超过两年半。

（4）安全帽不应储存在有酸碱、高温（50℃以上）、阳光直射、潮湿等处，避免重物挤压或尖物碰刺。

（5）帽壳与帽衬可用冷水、温水（低于 50℃）洗涤。不可放在暖气片上烘烤，以防帽壳变形。

2. 正压呼吸器使用

（1）检查充气压力，压力不应低于 25MPa，将安全帽放在呼吸器一侧。

（2）提起呼吸器，使其垂直，气瓶阀朝下，将肩带尽可能松开，先将左肩穿过压力计的肩带，然后背上呼吸器。

（3）调整肩带扣紧腰带，然后扣紧连接肩带的腰带。

（4）松开面罩后的松紧头带，先将面罩收进下巴，由下向上将面罩的头带调到正确位置，抽紧下边的头带，调整好头顶的头带。

（5）检查面罩气密性。用手捂住卡扣口，呼吸，检查面罩是否密闭，面罩应紧贴面部。

（6）将气瓶阀开两扣，然后关闭，通过逐渐打开供气阀，来检验报警哨，当压力低于5MPa 时报警哨发出报警。

（7）将颈后的安全帽戴在头上，拉紧帽带；再检查一次面罩是否密闭，可屏住呼吸，确认听不到漏气声。

（8）如有漏气，调整面罩头带，如果仍然漏气，必须检查呼吸器。

（9）正确佩戴好空气呼吸器，并认真检查无误后即可进入现场。使用过程中，注意报警器发出的报警信号（5MPa），报警后呼吸器约可以使用 6～8min，听到报警信号后应立即撤离现场，未达到安全地带不能摘下呼吸器面罩。

（10）使用结束后握住供气阀两侧的黄色按钮摘下供气阀，摘下面罩，关闭气阀瓶；将背带、紧帽带等调节带调整最大。

（11）用过的气瓶要及时充气，达到规定压力，存放好，做到完好备用。

（四）实验报告

学生总结关于个体防护用品的学习心得和体会，并撰写实验报告。

 第三节　应急疏散训练

一、知识储备

（一）安全疏散设施

安全疏散设施包括安全出口、疏散楼梯、疏散走道、消防电梯、事故广播、防排烟设施、屋顶直升飞机停机坪、事故照明和安全指示标志等。

1. 安全出口

建筑物内发生火灾时，为了减少损失，需要把建筑物内的人员和物资尽快撤到安全区域，这就是火灾时的安全疏散，凡是符合安全疏散要求的门、楼梯、走道等都称为安全出口。如建筑物的外门；着火楼层梯间的门；防火墙上所设的防火门；经过走道或楼梯能通向室外的门等，都是安全出口。

2. 疏散楼梯

疏散楼梯包括普通楼梯、封闭楼梯、防烟楼梯及室外疏散楼梯等四种。

3. 消防电梯

高层建筑发生火灾时，要求消防队员迅速到达起火部位，扑灭火灾和救援遇难人员，如果消防队员从楼梯登高体力消耗很大，难以有效地进行灭火战斗，而且还要受到疏散人流的冲击，因此设置消防电梯，在利于队员迅速登高，而且消防电梯前室还是消防队员进行灭火战斗的立足点，和救治遇难人员的临时场所。

4. 疏散走道

从建筑物着火部位到安全出口的这段路线称为疏散走道，也就是指建筑物内的走廊或过道。

5. 火灾事故照明和疏散指示标志

建筑物发生火灾时，正常电源往往被切断，为了便于人员在夜间或浓烟中疏散，需要在建筑物中安装事故照明和疏散指示标志。

6. 火灾事故广播

在安装有事故照明和疏散指示标志的场所，应同时安装事故广播系统。以便在紧急情况下同时有声光效应，使人员尽快有秩序地疏散。

事故广播系统可与火灾报警系统联动，并按现行国家标准《火灾自动报警系统设计规范》的有关规定设置。

7. 避难层

建筑高度超过 100m 的公共建筑，应设置避难层（间）。

8. 屋顶直升飞机停机坪

建筑高度超过 100m，且标准层建筑面积超过 1000m² 的公共建筑。宜设置屋顶直升飞机停机坪或直升飞机救助的设施。

(二) 事故应急

1. 事故应急步骤

(1) 应急处理联络方式

① 故应急处理小组成员的手机要 24h 开通。

② 常联络电话：建立项目部应急处理指挥小组联络电话清单。

③ 急救援电话。

(2) 项目部配备应急医疗用品和救灾器材及设备，现场配置对讲机、电话，保证通信畅通。

(3) 定期进行自救和抢险急救的宣传和演练。

(4) 施工现场一旦发生安全事故，当事人或最先发现的人员应立即报告当班领导和安全员，相关部门要组织人力积极抢救，同时采取措施控制事故扩大，并保护好现场。必要时，与当地公安消防部门、医疗单位紧急联系。

(5) 如发生因工伤亡事故或重大事故，按有关程序分级上报局、当地政府有关部门。

(6) 按事故处理"四不放过"原则处理事故。

2. 事故应急措施

(1) 火灾事故现场控制　水是最常用的灭火剂，因为在事故中要考虑很多的因素，选择灭火方法时应谨慎，水对某些材料引起的火灾没有效果，其效果很大程度上取决于灭火方法。而灭火剂和灭火方法的最终选择取决于许多因素，诸如事故发生地点、接触的危害性、火势、环境和现场，备有的灭火剂及其设备。在扑灭不同种类的初起火灾时，灭火器的选择对于控制火灾起到至关重要的作用，其使用方法也不尽相同。

(2) 事故现场抢救　现场急救就是应用急救知识和最简单的急救技术进行初级救生，最大程度上稳定伤员的伤、病情，减少并发症。维持伤员最基本的生命体征，现场急救是否及时和正确直接关系到伤病员的生命和伤害的结果。

① 现场急救步骤

a. 当事故出现后，迅速将伤者脱离危险区。若触电，先切断电源。若机械设备伤人，必须先停止机械设备运转。

b. 初步检查伤员，判断其神志、呼吸是否正常。采取有效的止血，防止休克。包扎伤口，固定、保存断离器官或组织、预防感染、止痛等措施。

c. 施救的同时拨打120或999急救电话，并继续施救到专业救护人员到场为止。

d. 迅速上报公司领导和有关部门以便采取更好的抢救措施。

② 常用的急救方法

a. 心肺复苏术　胸外按压的具体操作方法如下。

患者仰卧于硬板床或地上，如为软床，身下应放一木板，以保证按压有效。

抢救者体位：抢救者应紧靠患者胸部一侧，一般在其右侧，根据患者所处位置的高低采用跪式或用脚凳等不同体位。

按压部位常用定位方法是：剑突上两横指处。两乳头连线的中点，胸骨下段 1/2 处。

有效的按压标准：双手手指交叉，并翘起，掌根部贴紧胸壁，肘关节伸直，并锁住，上肢呈一直线，保证每次按压的方向与胸骨垂直。每 2min 更换按压者（5 个周期）。

按压深度：5cm。按压的最理想效果可触及颈或股动脉的搏动。

按压频率：120 次/min。

胸外按压后予二次通气（胸外按压与通气比例为 30：2）。

每次按压后，放松时使胸骨恢复到按压前位置，在按压时保持双手位置固定不变，不要离开胸壁。

按压与放松时间大致相等、充分减压。

5 个按压周期后要再次评估病人的循环体征。

b. 开放气道　气道阻塞的常见原因为舌后坠，所以要使呼吸道畅通，关键是解除舌肌对呼吸道的堵塞。

双手抬颌法：此法适用于颈部有外伤者，以下颌上提为主，不能将病人头部后仰及左右转动。注意，颈部有外伤者只能采用双手抬颌法开放气道。不宜采用仰头举颏法和推举，以避免进一步脊髓损伤。

气管异物梗阻，腹部冲击法：意识清醒的患者握拳的拇指侧紧抵患者腹部，位置处于剑突下脐上的腹中线部位。此法用于患者较肥胖或者妊娠晚期。

c. 人工呼吸　每次吹气时间为 1s，如果仅需要人工呼吸，10～12 次/min，吹气量 8mL/kg，500～700mL。

人工呼吸操作方法：口对口人工呼吸——打开患者的气道，捏住患者鼻孔，形成口对口密封状态。

口对面罩、球囊面罩通气：氧气 40%，最小流量为 10～12L/min，理想的球囊应该连接一个储氧袋可以提供 100% 的氧气。

（三）紧急疏散程序举例

1. 当发生地震、建筑物倒塌、火灾、爆炸等安全事故时的应对

① 事故现场的教师、公寓管理人员应一边指挥学生进行紧急疏散，一边以最快速度将

发生事故信息传递到校应急领导小组。

② 指挥机构人员马上按工作职责到现场指挥全校师生进行紧急疏散，具体如下。

a. 全校通过广播或以三次一长二短哨声发出紧急集合信号。

b. 用高音喇叭进行现场指挥，组织师生疏散。

c. 紧急疏散小组集合年级组长、班主任或当堂任课教师立即到班级检查、指挥学生疏散。

d. 撤脱离现场后，各班主任、年级主任迅速组织好本班、本年级学生，整理好队伍、清点人数，不允许学生擅自离开；对没有到场的，要查明原因，做好登记，并及时上报现场负责领导。

e. 对于受伤的学生进行简单救治后，送往就近医院救治，并及时通知家长，有关人员要做好学生和家长的安抚工作。

2. 学生紧急疏散的程序

当灾难、事故突然发生，或演习信号发出时，应作以下处理。

① 班主任（或当堂任课教师）、班长（或寝室长）、公寓食堂管理人员应指挥学生迅速把教室、寝室（或餐厅、公寓安全通道）的前后门完全打开；指定一名靠门坐的学生专门负责抵住门，并靠墙边站立，以保证门的通畅。

② 组织学生依次分别从最近的门一个接一个快速撤离，负责抵门的学生和老师最后撤离。每个年级组应安排、指定教师分别到本年级所在的两侧楼梯口和楼梯转弯处负责指挥学生撤离。

③ 学生离开教室、寝室应顺着走廊朝着就近的楼梯，一排靠扶手、一排靠墙壁（较宽的楼梯中间可以增加一排）迅速、安静、有序的下楼。保持安静有助于听到老师统一指挥，减少楼梯共振；有秩序的撤离有助于观察楼下、逐层撤离、避免拥挤踩踏。

④ 学生撤离楼层的顺序应（一楼直接撤离教室）先二楼，待二楼基本撤离完再三楼，四楼、五楼依次进行。在下一层学生没有撤离完前，上一层楼撤出教室的学生应安静地等候在楼梯和走廊上，若下层的楼道已经宽松可提前下撤。此时指挥老师要特别关注、防止有学生惊慌、喊叫、争先抢道。

⑤ 撤离教学楼、公寓后，学生应避开、远离建筑物，快速、统一到操场空旷地，并按平时升旗仪式划定的年级、班级位置集合，听从老师和指挥人员的下一步施救等安排。

二、技能测试

(一) 实验目的

认识应急疏散设施，掌握现场急救以及应急疏散步骤及注意事项。

(二) 实验仪器材料

心肺复苏模拟人。

(三) 实验内容

1. 现场急救

步骤如下。

① 当事故出现后，迅速将伤者脱离危险区。若触电，先切断电源。若机械设备伤人，必须先停止机械设备运转。

② 初步检查伤员，判断其神志、呼吸是否正常。采取有效的止血，防止休克。包扎伤口，固定、保存断离器官或组织、预防感染、止痛等措施。

③ 施救的同时拨打 120 或 999 急救电话，并继续施救到专业救护人员到场为止。

④ 迅速上报公司领导和有关部门以便采取更好的抢救措施。

方法如下。

① 心肺复苏演练。具体参照知识储备中"心肺复苏术"内容。

② 开放气道演练。具体参照知识储备中"开放气道"内容。

2. 应急疏散演练

学生根据课堂所学知识以及课后查阅资料，拟定应急疏散预案，进行应急疏散演练。

（四）实验报告

学生提交应急预案以及总结关于演练的学习心得和体会，并撰写实验报告。

第四节　模拟救生训练

一、知识储备

现对常用的模拟救生设备作简要介绍如下。

（一）救生网

救生网是接救从火场高处下落人员的网，下落者接触到网面时，由于弹性原理，缓冲了下落者所受的力量，使下落者免受伤害。其性质和作用与杂技团作高空表演时，下面拉起的保护网相同。在火场中，可用于地面接救从建筑物上跳下的受困人员或消防员，也可用于建筑物顶部抢救受困人员或消防员。由于使用场合和方法不同，救生网的结构和要求也有所不同。

目前国内常用的有地面接救受困人员的圆形救生网和正方形救生网。救生网由金属框架和可承受巨大冲击力的弹性网体组成。网的四周装有橡胶手柄，外包皮革保护层。为吸收和减缓冲击力，网上装有 32 对减震器。

国外有一种由直升飞机垂放，用于高层建筑顶部抢救受困人员的救生网。它由耐老化的玻璃钢体、救生网、窗形网口、缆绳、框圈等组成。网底直径为 1.2m 的可营救 4 人，网底直径为 1.5m 的可营救 10 人。

（二）救生气垫

救生气垫是一种接救从高处下跳人员的充气软垫，其作用和性能基本与救生网相似。救生气垫内一般都配有压缩空气充气装置，不用时可以折叠保存。

火场上常用救生气垫的面积在 $5.7 \sim 12.1 m^2$，直径在 $2.7 \sim 4m$，重量在 $12 \sim 25 kg$。

使用救生垫步骤如下。

① 选择现场疏散口垂直下方地面，地面应是较平整且无尖锐物的场地，平面展开救生气垫，救生气垫四周应留有一定的空地。

② 救生气垫上空至疏散口之间应无障碍物。

③ 将救生气垫进气口紧固在风机排风口上，然后启动发动机使其正常运转，待救生气

垫高度标志线自然伸直时，怠速运转，救生气垫进气口软管此时可呈弯曲状，以免逃生人员触及救生气垫时将风机拉翻。

④ 在怠速运转时，救生气垫工作高度的保持可通过开闭风门来控制，不可将救生气垫充气成饱和状态，以免过大增加反弹力，影响正常使用，危及人身安全。

⑤ 救生气垫充气后可能出现飘移，在使用时，四角应有专人把持，使用时微开安全风门，同时指挥逃生人员要对准救生气垫顶部的垫顶反光标志下跳。跳下时，双臂微张，可以减少手臂骨折的概率；身体弯曲 90°左右，身子与地面呈 45°角，避免头和脚先落到救生气垫上；同时，保证身体的大部分接触气垫。跳到救生气垫上后，要顺着救生气垫滑到地面上，千万不能走下去，气垫的弹性很容易让脚踝受伤。下跳人员触垫后必须迅速离开救生气垫，以使救生气垫能继续承接下跳人员。

⑥ 使用结束后，打开安全风门，待气全部排尽后，按原来的方式折叠存放。

（三）救生袋

救生袋是两端开口，供人从高处在其内部缓慢滑降的长条形袋状物，通常又称救生通道。它以尼龙织物为主要材料，可固定或随时安装使用，是楼房建筑火场受难人员的脱险器具。目前我国的举高消防车救生通道，是与举高消防车配合使用的救生器具。它结构新颖，可在不同高度下安全使用，而且该通道是与缓降器联合使用的，更增加了安全性，可供消防队员在楼房建筑火灾的情况下营救被困人员时使用。

举高消防车救生通道由挂钩连接带、缓降滑带、速度控制器（5 只）、连接钩（2 只）、安全带（5 根）、通道筒、背包、救生通道安装架门套、手套（1 副）等组成。

通道筒是三层结构，外筒用耐高温材料制成，形成防护罩，中筒用针织弹性尼龙制成，内筒用棉丝绸制成。各筒用拉链调节通道长度，以适应实际使用高度的需要。

救生通道的使用程序如下。

① 将救生通道安装架放成工作状态，打开背包取出通道筒，将连接带挂钩固定在举高车工作台架上。

② 放下救生通道，并按实际使用高度，用拉链调节通道筒的长度。

③ 被营救人员系配安全带，将两个连接钩钩在安全带上的两个金属环内，双手抓住方框上的扶手。

④ 被营救人员进入通道后，即在通道内下降，其下降速度由地面消防员控制，被营救人员双手向上，不作任何操纵动作。

⑤ 接近地面时，地面消防员应适当加大操纵力，减小下降速度，使被营救人员平稳着地。

安全注意事项如下。

① 使用前必须检查连接钩与安全带上的两只环是否钩牢。

② 速度控制器必须位于扶手内侧。

③ 被营救人员应脱掉棉、皮大衣。

④ 重量小于 50kg 的被营救人员可骑在另一人肩上同时下降。

⑤ 严禁地面控制下降速度的消防员双手松开缓降滑带，使被营救人员自由下降。

（四）救生绳

救生绳是上端固定悬挂，供人们手握进行滑降的绳子。

　　救生绳主要用作消防员个人携带的一种救人或自救工具，也可以用于运送消防施救器材，还可以在火情侦察时作标绳用。在有些大型厂矿因火灾造成大面积烟雾时，还可以用于被困人员顺绳逃生。目前使用的救生绳主要是精制麻绳，绳的直径为 6～14mm，长度为15～30m，通常将直径小的救生绳称为抛绳、引绳或标绳，将直径大的救生绳称为安全绳。

　　救生绳的操作方法如下。

　　① 将救生绳一端固定在牢固的物体上，并将救生绳顺着窗口抛向楼下。

　　② 双手握住救生绳，左脚面勾住窗台，右脚蹬外墙面，待人平稳后，左脚移出窗外。

　　③ 两腿微弯，两脚用力蹬墙面的同时，双臂伸直，双手微松，两眼注视下方，沿救生绳下滑。

　　④ 当快接近地面时，右臂向前弯曲，勒绳两腿微曲，两脚尖先着地。

　　救生绳使用与保管注意事项如下。

　　① 使用时不能使绳受到超负荷的冲击或载荷；否则，会出现断股，甚至断绳。

　　② 平时应存放在干燥通风处，以防霉变。

　　③ 使用后涮洗。温水后应及时放在通风干燥处阴干或晒干，切忌长时间暴晒。

　　④ 勤检查，如发现绳索磨损较大或有 1/2 股以上磨断时，应立即停止使用。

　　⑤ 使用者应定期作负重检查，如无断股或破损，方可继续使用。

　　⑥ 救生绳在保管时，避免使绳与尖利物品接触，如沾有酸、碱物质时，应立即冲洗干净并晾干。

（五）救生软梯

　　救生软梯是一种用于营救和撤离火场被困人员的移动式梯子，可收藏在包装袋内，在楼房建筑物发生火灾或意外事故时，楼梯通道被封闭的危急情况下，是进行救生用的有效工具。

　　一般的救生软梯主梯长 15m，重量小于 15kg，荷载 1000kg，每节梯登荷载 150kg，最多可载 8 人。使用救生软梯时，根据楼层高度和实际需要选择主梯或加挂副梯。将窗户打开后，把挂钩安放在窗台上，同时要把两只安全钩挂在附近牢固的物体上，然后将软梯向窗外垂放，即可使用。

二、技能测试

（一）实验目的

掌握常用的救生设备的使用。

（二）实验仪器材料

救生气垫、救生网、救生袋、救生绳、救生软梯。

（三）实验步骤

　　救生气垫、救生网、救生袋、救生绳、救生软梯的依次使用演练。具体方法及步骤参照知识储备中内容。

（四）实验报告

学生总结救生设备使用方法及模拟救生的心得体会，并撰写实验报告。

习题 --

一、选择题

1. 某机械厂一次桥式起重机检修中，一名检修工不慎触及带电的起重机滑触线，受到强烈电击，坠落地面，经抢救无效身亡。从主要危险和有害因素的角度分析，这起死亡事故属于（　　）类型的事故。

　　A. 车辆伤害　　　　　　B. 触电　　　　　　C. 高处坠落　　　　　D. 其他伤害

2. 为防止机械伤害，在无法通过设计实现本质安全的情况下，应使用安全装置。下列有关安全装置设计要求的说法中，错误的是（　　）。

　　A. 安全装置有足够的强度、刚度、稳定性和耐久性

　　B. 安全装置不影响机器的可靠性

　　C. 将安全装置设置在操作者视线之外

　　D. 安全装置不带来其他危险

3. 机器的安全装置包括固定安全防护装置、联锁安全装置、控制安全装置、自动安全装置、隔离安全装置等。其中，利用固定的栅栏阻止身体的任何部分接近危险区域的装置属于（　　）。

　　A. 隔离安全装置　　　　　　　　　　B. 联锁安全装置

　　C. 自动安全装置　　　　　　　　　　D. 固定安全防护装置

4. 电气火灾造成的损失在全部火灾中占据首要位置。电气设备的危险温度电火花及电弧是引起电气火灾的直接原因。下列电气线路和电气设备的状态中，可能引起电气火灾的是（　　）。

　　A. 绝缘电线表面温度达到 50℃

　　B. 电线绝缘层内导体（芯线）受到损伤后有效截面变小

　　C. 运行中电动机的温度和温升都达到额定值

　　D. 白炽灯泡表面烫手

5. 燃烧的三要素为氧化剂、点火源和可燃物。下列物质中属于氧化剂的是（　　）。

　　A. 氯气　　　　　　B. 氢气　　　　　　C. 氮气　　　　　　D. 一氧化碳

6. 火灾类型与物质的燃烧特性有关。根据《火灾分类》（GB/T 4968—2008），煤气火灾属于（　　）类火灾。

　　A. F　　　　　　　B. E　　　　　　　C. D　　　　　　　D. C

7. 闪燃和阴燃是燃烧的不同形式。下列有关闪燃和阴燃的说法中，正确的是（　　）。

　　A. 闪燃是看得到的燃烧，阴燃是看不到的燃烧

　　B. 闪燃是短时间内出现火焰一闪即灭的现象，阴燃是没有火焰的燃烧

　　C. 闪燃温度高，阴燃温度低

　　D. 阴燃得到足够氧气会转变成闪燃

8. 灭火就是破坏燃烧条件，使燃烧反应终止的过程。灭火的基本原理有多种，以下不属于灭火原理的是（　　）。

　　A. 冷却　　　　　　B. 隔离　　　　　　C. 疏散　　　　　　D. 窒息

9. 下列物质中，与水作用会发生化学自热着火的是（　　）。

A. 金属钠　　　　　　　B. 甘油　　　　　　　C. 有机过氧化物　　　　D. 黄磷

10. 炼钢过程中，钢液中滴入水滴将导致爆炸。这种爆炸的类型是（　　）。

A. 物理爆炸　　　　　　B. 化学爆炸　　　　　C. 气体爆炸　　　　　　D. 高温爆炸

二、判断题

1. 在企业生产过程中容易发生安全事故，机（物）、环境是产生安全事故的主要原因。（　　）

2. 安全色是用特定的颜色来表达"禁止"、"警告"、"指令"和"提示"等安全信息含义的颜色，我国采用红色、黄色、蓝色、黑色四种颜色来表示。（　　）

3. 可燃物可分为固体可燃物、液体可燃物和气体可燃物三种。（　　）

4. 燃烧类型可分为闪燃、着火、自燃、爆炸四种。（　　）

5. 爆炸主要分为物理性爆炸、化学性爆炸和机械性爆炸三类。（　　）

6. 管道或容器的直径越大，爆炸极限范围越小。（　　）

7. 粉尘颗粒越大，表面吸附的氧就越多，着火点就越低，爆炸下限也越小，越不容易发生粉尘爆炸。（　　）

8. 压缩机、空压机在压缩过程中要进行冷却。（　　）

9. 冷却法灭火的灭火剂是水，不能用固体二氧化碳。（　　）

10. 液氯、液氨等属于毒性气体，对人类健康有较强的危害性。（　　）

11. 呼吸防护用品分为过滤式和隔绝式两种。（　　）

三、问答题

1. 造成职业安全事故的主要原因有哪些？

2. 我国对安全色和安全标志是怎样规定的？

3. 什么是燃烧？燃烧的"三要素"是指什么？

4. 什么叫着火、爆炸？

5. 防火防爆基本措施有哪些？

6. 火灾的分类有哪些？

7. 基本的灭火方法有哪几种？各灭火方法中使用的主要灭火剂是哪些？

8. 常用灭火器的种类有哪些？

9. 扑救火灾的一般原则有哪些？

10. 液体火灾怎样扑救？（腐蚀、有毒、可燃、易燃等液体）

11. 遇水燃烧物品怎样扑救？

12. 电气火灾怎样扑救？扑救中应注意哪些安全事项？

13. 机械设备安全防护应遵循什么原则？

14. 化学品、危险化学品的定义？

15. 危险化学品的分类有哪些？

16. 危险化学品扑灭有哪些注意事项？

17. 防止触电事故的措施有哪些？

18. 化工生产中人体的防静电措施有哪些？

19. 保证道路安全的主要途径有哪些？

第四章
环境保护

知识目标

1. 掌握环境、环境问题、环境影响的概念。
2. 掌握环境污染、环境污染物的概念及分类。
3. 掌握环境保护、可持续发展的概念及可持续发展与环境的关系。

能力目标

1. 能够对环境问题进行分类。
2. 能够结合实际，分析全球环境问题，并提出环保措施。
3. 能够进行交通噪声测量。
4. 能够进行环境照明测量。

第一节 环境保护概述

一、环境及环境问题

1. 环境的概念

环境是相对于中心事物而言的,是相对于主体的客体。一般认为环境是人以外的围绕人群的空间,可直接、间接影响人类生活发展的自然因素和社会因素的总体,包括大气、水、海洋、土地、森林、矿藏、草原、野生生物、人文遗产、自然遗迹、自然保护区、风景名胜、城市乡村等。《中华人民共和国环境保护法》第二条规定,环境是指影响人类生存和发展的各种天然的和经过人工改造的自然因素的总体,包括大气、水、海洋、土地、矿藏、森林、草原、野生生物、自然遗迹、人文遗迹、风景名胜区、自然保护区、城市和乡村等。

在环境科学领域,环境的含义是:以人类社会为主体的外部世界的总体。按照这一定义,环境包括了已经为人类所认识的,直接或间接影响人类生存和发展的物理世界的所有事物。它既包括未经人类改造过的众多自然要素,如阳光、空气、陆地、天然水体、天然森林和草原、野生生物等;也包括经过人类改造过和创造出的事物,如水库、农田、园林、村落、城市、工厂、港口、公路、铁路等。它既包括这些物理要素,也包括由这些要素构成的系统及其所呈现的状态和相互关系。

需要注意的是,环境的概念也在变化。以前人们往往把环境仅仅看作单个物理要素的简单组合,而忽视了它们之间的相互作用关系。进入 20 世纪 70 年代以来,人类对环境的认识发生了一次飞跃,人类开始认识到地球的生命支持系统中的各个组分和各种反应过程之间的相互关系。对一个方面有利的行动,可能会给其他方面引起意想不到的损害。

环境系统是一个复杂的,有时、空、量、序变化的动态系统和开放系统。系统内外存在着物质和能量的变化和交换。环境系统在一定的时空尺度内,进入系统的物质和能量与排放到系统外的物质和能量出现平衡,叫做环境平衡或生态平衡。考虑整个系统,环境具有以下特性。

(1) 整体性   人与地球环境是一个相互影响的整体,地球上的任何一个部分都是人类环境的组成。人类的生存环境从整体上看是没有国界、区界划分的。

(2) 有限性   环境的承载能力有限,资源有限,稳定性有限。

(3) 隐显性   一般的环境污染与破坏,后果的显现需要一定的过程和一段时间,并不能马上出现(只有事故性的污染破坏才能够马上显现出来)。如日本的水俣病,经过 20 年的时间才显现出来。

(4) 不可逆性   环境一旦遭到破坏,可以实现局部恢复,但不能彻底回到原来的状态。

(5) 持续影响性   对环境的污染与破坏不但会影响到当代人,还会影响到人类后代,具有持续性。

(6) 灾害放大性   污染与破坏行为经过环境的一系列作用,灾害性会随空间、时间放大。如工业排放大量的 SO_2、NO_2 气体,不仅危害局部空气质量,还会形成酸雨,破坏湖泊、森林、建筑物等,损害生物与人类健康,造成恶劣的影响。

2. 环境问题

环境问题是指在全球环境或区域环境中，出现的不利于人类生存和发展的各种现象。环境问题按其产生原因可以归纳为原生环境问题和次生环境问题两类。

原生环境问题（又叫第一环境问题）是指一些非人类能力所能控制的，而由自然因素（活动）引起的环境变化。如由太阳辐射变化引起的台风、干旱、暴雨；由地球动力和热力作用产生的地震、火山爆发等。

次生环境问题（又叫第二环境问题）是指由人类社会经济活动造成的对自然环境的破坏。如由于人类生产、生活引起的大气污染、水体污染、生态破坏、资源枯竭、水土流失、沙漠化、气候异常、地面沉降等。

在这两种环境问题中，次生环境问题（第二环境问题）占主导，对环境影响最大，引发的环境问题最突出。

3. 环境影响

人与环境有着密切的关系。人是自然界的产物，人类依赖自然界，也受自然力的约束。人类要生存、发展势必离不开环境，几千年来人类不断地从环境中"索取"，人类适应环境，人类改变环境，而环境也因人类的活动而发生改变，同时，环境的改变对人也有一定的影响。人类对环境的改造具有双重性，既有积极的一面，又有消极的一面。人类能够正确地认识和尊重环境，合理地改造，就能促进人与自然及环境的和谐发展。反之，如果人类盲目地对自然对环境进行大肆掠夺，任意排放，就会破坏生态环境，导致人与自然及环境的不和谐。近年来，随着生产力的不断提高，工业大规模发展，交通不断发达，人口增长，产品日益繁多，由此引发的环境问题也越发突出。

环境影响是指人类活动（经济活动和社会活动）对环境的作用和导致的环境变化以及由此引起的对人类社会和经济的效应。它包括人类活动对环境的作用和环境对人类社会的反作用，这两个方面的作用可能是有益的，也可能是有害的。举例来说，工厂排放有害废水进入河流，河水水质受到影响，水中鱼类体内大量积累毒素，水环境恶化，这是人对环境的影响；同时，人类食用了受污染的鱼类，有毒物质在人体内累积，对人类健康产生危害，这是环境对人的反作用，对人的影响。可见，环境影响是双向的。

环境影响按来源可分为直接影响、间接影响和累积影响；按影响效果可分为有利影响和不利影响；按影响性质可分为可恢复影响（如油轮漏油事件）和不可恢复影响（风景区改造为工业区）。另外环境影响还可分为短期影响和长期影响；按空间还可分为地方、区域、国家影响和全球影响；建设阶段影响和运行阶段影响，单体影响和综合影响。

4. 全球环境问题

目前，全球范围内的环境问题包括大气、淡水、海洋、能源等环境问题。

（1）全球气候变暖　由于人类大量燃烧煤炭和石油等，致使二氧化碳、氮氧化物、臭氧等温室气体大量排放到大气当中，致使地球表面温度增加，即产生"温室效应"。进入 20 世纪 80 年代后，全球气温明显上升。1981～1990 年，全球平均气温比 100 年前上升了 0.48℃。据英国气候预测报告预测，到 2080 年，伦敦将比现在的温度高 2～6℃。全球气候变暖会致使两极冰川融化，冰盖缩小，海平面上升，海水倒流，干旱洪涝变得更加显著。据统计由于全球气候变暖，海平面上升了大约 10～15cm，直接威胁着东京、纽约等沿海城市。

（2）酸雨　是指 pH＜5.6 的酸性降水，包括雨、雪、雾等。工业等排放的 SO_2、NO_x

等是造成酸雨的主要原因。酸雨对森林、农作物等直接造成破坏，还会破坏土壤结构，破坏水体功能，引起水生生物死亡，腐蚀建筑物等。

（3）臭氧层破坏　臭氧层主要分布在地表上空 15～35km 处，是保护地球上生物免受紫外线辐射的一道天然屏障。近年来由于人类社会经济的发展，大量的制冷剂、喷雾剂等含有氮氧化物、氟氯烃类物质进入大气中，破坏了臭氧层，出现了臭氧"空洞"。过量的紫外线辐射会使人眼球晶体变形、患白内障、患皮肤癌、免疫力下降并引起多种病变，还会使许多聚合物材料老化，造成经济损失。

（4）生物多样性锐减　由于人类生产生活活动，致使森林资源被大量砍伐，水土流失，土地沙化，气候异常，环境污染，地球生态环境恶化，造成生物物种灭绝。

（5）海洋污染　海洋污染大部分来自陆地污水通过江河的排入，另外船舶垃圾、原油泄漏等也会造成污染。由于海洋污染每年会有大量的海鸟、海豚、白鲸等生物死亡。

（6）能源消耗、资源枯竭　工业农业发展、人口增长等原因直接造成人类对能源与资源的过度开采、使用。严重破坏了生态环境，同时也直接威胁着人类后代的生存。

（7）生态环境恶化　大气、水、土壤、固废污染较严重，森林资源减少、土地荒漠化、淡水资源匮乏。生态环境面临危机。

（8）有毒有害化学品污染　工业生产，农业大量使用农药、化肥，汽车尾气等均造成大量有毒有害化学品污染，致使环境资源遭到破坏，人体健康面临危险。

二、环境污染

1. 环境污染

环境污染是指有害物质或有害因子进入环境，并在环境中扩散、迁移、转化，使环境系统的结构与功能发生变化，对人类或其他生物的正常生存和发展产生不利影响的现象。

在实际工作中，判断环境是否被污染及污染的程度，是以环境质量标准为尺度的。

环境污染类型按污染物性质可分为化学污染（占环境污染约 80%～90%）、物理污染、生物污染等；按环境要素可分为大气污染、水污染、土壤污染、固废污染、噪声污染、热污染、电磁污染等；按人类活动可分为工业环境污染、城市环境污染、农业环境污染。

下面主要简介一下水体染物分类、大气污染物分类、土壤污染物分类。

水体污染物分类：水体污染物可分为化学型污染物、物理型污染物和生物型污染物。化学型污染物指随废水及其他废弃物排入水体的酸、碱、有机和无机污染物。物理型污染物包括色度和浊度造成污染的悬浮物质、热电厂排放的热水、放射性物质等。生物型污染物指由于生活污水、医院污水等排入水体，随之引入的某些病原微生物。

大气污染物分类：根据大气污染物物理性质，可以把大气污染物分为固体、液体、气体等形式；根据大气污染物化学性质，可以把大气污染物分为六类即颗粒物（粉尘、烟、雾等）、碳氧化物（一氧化碳等）、氮氧化物（一氧化氮、二氧化氮等）、硫氧化物（二氧化硫等）、碳氢化合物（烷烃、烯烃、芳烃等）、卤化物（氟化氢、氯化氢、氟利昂等）。

土壤污染物分类：有机污染物（农药、杀虫剂等）、无机盐类污染物（硝酸盐类、硫酸盐氯化物、可溶性碳酸盐等）、重金属污染物（铅、镉、汞、砷、铬、锌等）、固体废物污染物（城市垃圾、矿渣、煤渣等）。

2. 环境污染物

造成环境污染的物质称为环境污染物。环境污染物按照污染物的形态可以分为气态污染物、液态污染物和固态污染物；按照环境要素的不同分为大气污染物、水体污染物、土壤污染物等；按照污染物的性质可以分为化学污染物、物理污染物和生物污染物。当污染物进入环境后，含量超过环境所能"承受"的环境容量，就会对环境和人类造成危害。

三、环境保护

1. 环境保护的概念

环境保护是人类为解决现实的或潜在的环境问题，维持自身的存在和发展而进行的各种实践活动的总称。其方法和手段包括工程技术、经济、行政管理、法律、宣传教育等方面。近年来工业飞速发展，环保问题不断发人深省。

2. 环境保护措施

（1）自然资源保护　主要自然资源保护措施详见表 4-1。

表 4-1　自然资源保护

自然资源名称	环境保护措施
土地资源	强化相关政策法规，加强土地合理利用与管理，防治、控制土地生态破坏和污染
森林资源	健全法制，保护森林资源，实施生态造林、建设规划
矿产资源	合理开发利用，加强矿产管理、优化配置和综合利用，健全环保措施
生物资源	完善政策法律，保护生物栖息地，合理规划保护区，预防、控制环境污染
海洋资源	健全法制，强化监督与管理，加强海洋环境监测，控制污染

（2）污染治理

① 水污染治理　源头上减少污染物，防止污水外排，可以改革生产工艺和设备，进行综合利用和回收；如果污水必须外排，处理方法随水质和要求而不同。一级处理，主要分离水中的悬浮物、胶状物、浮油等，可采用水质水量调节、自然沉淀、上浮等方法。二级处理通常采用生物化学法和絮凝法，生物化学法是利用微生物处理污水，主要除去一级处理后污水中的有机物，絮凝法主要去除一级处理后污水中无机的悬浮物和胶体颗粒物或低浓度的有机物。污水三级处理是污水经二级处理后，进一步去除污水中的其他污染成分（如氮、磷、微量有机物和无机盐等）的工艺处理过程，常用方法有活性炭吸附、化学氧化、离子交换、膜分离技术等。

常见的污水控制措施如下：在生产和生活中节约用水，提高企业节水意识，并采用先进的节水设备；在社会上广泛宣传节水意识与知识，提倡节水活动；提高污废水处理技术水平，传统的处理方法正在不断更新、进步，而且向着自动化、设备化方向发展；分散治理与集中控制相结合，相同类型的污染可以集中治理，有特殊污染物的污染源可以有针对地分散治理；加强监督，加大执法力度，做到有法必依。

② 大气污染治理　控制大气污染源，改进生产工艺，改变燃料结构，使用清洁能源。对于大气中的颗粒物可采用除尘技术；对于气态污染物可采用吸附法、吸收法、催化法和冷凝法治理。

③ 土壤污染治理　对各种污染源排放进行浓度和总量控制，合理使用农药化肥等，加

强土壤灌溉用水水质监测；采用适当方法改良土壤，如增施有机肥料可增加土壤有机质和养分含量，提高土壤净化能力等；针对重金属、有机物等污染采用有针对性的措施进行防治，如通过生物修复、使用石灰、使用微生物降解菌剂、调控土壤 pH 值等措施降低或消除污染；另外改变轮作制度、换土翻土也可在一定程度上减小污染。

④ 固废污染治理　固体废物可分为生活垃圾、工业固废、危险固废三类。固体废物环境防治实行"减量化、资源化、无害化"的"三化"原则。可通过物理、化学、生物等方法进行处理，便于运输及处置等。常见处理有焚烧法（固废置于高温炉内，焚烧转为化学性质稳定的无害化灰渣）、化学法（通过中和法、浸出法等化学方法使固废的危害降到尽可能最低）、固化法（利用水泥、石灰、沥青、塑性材料、玻璃、陶瓷等固体材料，通过物理、化学方法，将固体废物固定或包容在固体材料中，使其密封、化学性质稳定）、分选法（用筛分、重力分选、磁力分选、静电分选、光电分选等方法将固体废物中可回收利用的或不利于后续处理的物粒分离出来，便于再处置）。

四、可持续发展

人类在发展经济的同时，要保护好人类赖以生存的大气、淡水、海洋、土地和森林等自然资源和环境，要使子孙后代能够安居乐业和永续发展。

（一）可持续发展的概念和原则

可持续发展（sustainable development，SD），或永续发展，是指在保护环境的条件下既满足当代人的需求，又不损害后代人的需求的发展模式。1987 年以布伦兰特夫人为首的世界环境与发展委员会（WCED）发表了报告《我们共同的未来》，这份报告正式使用了可持续发展概念，可持续发展被定义为："能满足当代人的需要，又不对后代人满足其需要的能力构成危害的发展。"可持续发展是建立在社会、经济、人口、资源、环境相互协调和共同发展的基础上的一种发展，其宗旨是既能相对满足当代人的需求，又不能对后代人的发展构成危害。

可持续发展不简单的等同于生态化或者环境保护，它强调代内公平，不分国家、地区、种族等，人在发展权上的公平；强调代际公平，当代人在发展的同时不损害后代人利益，和谐发展。强调共同进化思想，人类与各物种同享地球资源与环境，强调人与自然的健康共处，人的发展控制在自然允许的范围内，不能超越资源和环境的承载能力。各国可持续发展的模式虽然不同，但公平性和持续性原则是共同的，地球的整体性和相互依存性决定全球必须联合起来，认知我们的家园。这也是可持续发展的三原则"公平性原则"、"持续性原则"、"共同性原则"。

（二）可持续发展与环境的关系

可持续发展是人类为了解决环境与发展的矛盾而提出来的一种发展观。环境是可持续发展的中心问题。社会、经济、科技的发展依赖于环境，环境也需要可持续发展，环境与可持续发展是相辅相成的。发展能为环境保护和资源有效利用提供物质基础和能力来源，而良好的生存环境和丰富的自然资源能保证发展的潜力和持续性。环境保护和环境问题的解决是可持续发展的基本前提。可持续发展的核心是发展，但要求在严格控制人口、提高人口素质和保护环境、资源永续利用的前提下进行经济和社会的发展，可持续的长久的发展才是真正的发展。

（三）可持续发展指标

指标是反映或度量一些情况的特征。可持续发展指标是指一些量化资料，可协助解释事物如何随着时间的推移而转变，它是一些可量化的参数或量度方法，用以评估社会活动在一段时间内，促进"可持续发展"的成效。可持续发展指标包含资源消费、资源禀赋、经济发展和环境及社会影响的关系等很多方面。

第二节 校园环境噪声测量

一、知识储备

（一）噪声

1. 声音

当振动频率在 $20 \sim 20000\,Hz$ 范围内，这种振动作用于人耳鼓膜而产生的感觉称为声音。高于 $20000\,Hz$ 的成为超声，而低于 $20\,Hz$ 的则成为次声。

通常，振动发声的物体被称为声源。声源可以为固体，如各种机器；也可以是液体与气体，如流水声是液体振动的结果，风声是气体振动的结果。

2. 噪声

环境噪声是指人们不需要的频率在 $20 \sim 20000\,Hz$ 的范围内的可听声。它包括杂乱不协调的声音，也包括影响人们工作、学习、思考、休息的音乐等声音。

产生噪声的声源称为噪声源。噪声源有以下几种分类方法。

（1）按噪声产生的机理 可以分为机械噪声、空气动力噪声和电磁噪声三类。

① 机械噪声 机械设备在运转时，部件之间的相互撞击摩擦产生交变作用力，使得设备结构和运动部件发生振动产生的噪声成为机械噪声。

② 空气动力噪声 空气压缩机、鼓风机等设备运转时，叶片高速旋转使得叶片两侧空气产生压力突变，以及气流经过进排气口时激发声波产生的噪声，成为空气动力噪声。

③ 电磁噪声 电动机、变压器等设备运行时，交替变化的电磁场引起金属部件与空气间隙周期性振动产生的噪声，成为电磁噪声。

（2）按照噪声随时间的变化关系 可以分为稳态噪声和非稳态噪声两大类。稳态噪声的强度不随时间而变化，非稳态噪声的强度随时间而变化。

（3）按照与人们日常活动的关系 可以分为工业生产噪声、建筑施工噪声、交通工具噪声、日常活动噪声等。工业噪声调查表明，电子工业和一般轻工业产生的噪声为 $90\,dB$，纺织工业的噪声为 $90 \sim 106\,dB$，机械工业的噪声为 $80 \sim 120\,dB$，大型鼓风机、凿岩机等产生的噪声都在 $120\,dB$ 以上。

3. 噪声的特性

（1）噪声的公害特性 由于噪声属于感觉公害，所以它与其他有害有毒物质引起的公害不同。首先，它没有污染物，即噪声在空中传播时并未给周围环境留下什么毒害性的物质；其次，噪声对环境的影响不积累、不持久，传播的距离也有限；噪声声源分散，而且一旦声源停止发声，噪声也就消失。因此，噪声不能集中处理，需用特殊的方法进行控制。

（2）噪声的声学特性　简单地说，噪声就是声音，它具有一切声学的特性和规律。但是噪声对环境的影响和它的强弱有关，噪声越强，影响越大。衡量噪声强弱的物理量是噪声级。

（二）环境噪声

1. 定义

环境噪声是指在工业生产、建筑施工、交通运输和社会生活中所产生的干扰周围生活环境的噪声。

2. 主要来源

① 交通噪声　机动车辆、飞机、火车和轮船等交通工具在运行时发出的噪声。这些噪声的噪声源是流动的，干扰范围大。

② 工业噪声　工业生产劳动中产生的噪声。主要来自机器和高速运转设备。

③ 建筑施工噪声　建筑施工现场产生的噪声。施工中大量使用各种动力机械，进行挖掘、搅拌、打洞、运输而产生大量噪声。

④ 社会生活噪声　体育比赛、商业交易、游行集会、娱乐场所等各种社会活动产生的喧闹声，以及电视机、洗衣机等各种家电的嘈杂声。

⑤ 其他噪声　如影响人们工作、休息等的鸟鸣、蛙鸣、狗吠等。

（三）环境噪声标准

环境噪声标准是为保护人群健康和生存环境，对噪声容许范围所作的规定。表 4-2 为城市 5 类环境噪声标准值。

表 4-2　城市 5 类环境噪声标准值　　　　　　　　　　　　　　单位：dB

类别	昼间	夜间
0 类	50	40
1 类	55	45
2 类	60	50
3 类	65	55
4 类	70	55

各类标准的适用区域

① 0 类标准适用于疗养区、高级别墅区、高级宾馆区等特别需要安静的区域。位于城郊和乡村的这一类区域分别按严于 0 类标准 50dB 执行。

② 1 类标准适用以居住、文教机关为主的区域。乡村居住环境可参照执行该类标准。

③ 2 类标准适用于居住、商业、工业混杂区。

④ 3 类标准适用于工业区。

⑤ 4 类标准适用于城市中的道路交通干线道路两侧区域，穿越城区的内河航道两侧区域。穿越城区的铁路主、次干线两侧区域的背景噪声（指不通过列车时的噪声水平）限值也执行该类标准。

（四）环境噪声的控制措施

1. 控制噪声源

可用阻尼、隔振等措施降低发声体振动，可选用低噪声的生产设备、改进生产工艺等。

2. 阻断噪声传播

在传音途径上降低噪声，如采用隔声、吸声/音屏障、隔振等措施，以及合理规划城市建筑布局等。

3. 在人耳处减弱噪声

以上措施均无法有效防止噪声危害时，就需要对受音者采取防护措施，如长期职业性噪音暴露的工人可以戴耳塞、耳罩或头盔等护耳器。

二、技能测试

（一）实验目的

掌握噪声测量仪器的工作原理及区域噪声的测量方法，学会噪声污染图的绘制方法，能够进行环境噪声评价。

（二）实验仪器材料

声级计。声级计主要由传声器、放大器、指示器及计权网络等部分组成。

（三）实验步骤

（1）绘制监测区域的校园平面图，将平面图按比例划分为 25m×25m 的网格（可根据校园面积大小放大或缩小网格），在每个网格中心设置测点。如果中心点的位置不易测量，可移到旁边能够测量的位置。

（2）每组三人配置一台声级计，按顺序到各网点测量，时间以 8～17h 为宜，每个网格至少测量三次，每次连续读 100 个数据。

（3）测量

① 将声级计固定在三角架上，声级计离地面 1.2m，（或工作条件下人耳的位置），传声器指向被测声源，声级计应尽量远离人身，以减小人身对测量的影响。

② 读数方式采用慢档，每隔 5s 读一个瞬时 A 声级，连续读取 100 个数据。同时还要记录天气条件及附近主要噪声源如施工噪声、交通噪声、工厂噪声等。

（4）注意事项

① 使用声级计电池极性或外接电源极性切勿接反，以免损坏仪器；使用完毕或长期不使用时，应将电池取出。

② 测量时天气条件要求在无雨无雪的时间进行操作。声级计应加风罩，以免风噪声干扰，同时使传声器膜片保持清洁。风力在三级以上必须加风罩，四级以上大风应停止测量。

③ 测量记录应标明测点位置、仪器名称、型号、气象条件、测量时间及噪声源。

（四）数据记录与处理

（1）数据记录 整理所测得的 100 个数据，校园环境噪声测量数据记录于表 4-3 中（一个网点一张表格）。

（2）数据处理 城市环境噪声是随时间起伏的非稳态噪声，因此测定结果一般用统计值或等效声级表示。

有关符号的含义和定义：

L_{10} 表示 10% 的时间超过此声级，相当于噪声的平均峰值，dB；

L_{50} 表示 50% 的时间超过此声级，相当于噪声的平均值，dB；

L_{90} 表示 90% 的时间超过此声级，相当于噪声的本底值或背景值，dB；

表 4-3　声级等时记录表

年　　月　　日	时　　分至　　时　　分
星期	测量人
天气	仪器
地点	计权网络
主要噪声源	快慢档
取样间隔	取样总数
$L_{10}=$　　dB(A)　　$L_{50}=$　　dB(A)　　$L_{90}=$　　dB(A)　　$L_{eq}=$　　dB(A)	

其计算方法是将测得的 100 个数据按照由大到小的顺序排列，第 10 个数据即为 L_{10}，第 50 个数据为 L_{50}，第 90 个数据为 L_{90}。找出 L_{10}、L_{50}、L_{90}，求出等效声级 L_{eq} 及标准偏差 σ。

当测定次数足够多，噪声基本符合正态分布，可用下面的公式计算 L_{eq} 及标准偏差 σ。

$$L_{eq}\approx L_{50}+\frac{d^2}{60} \qquad d=L_{10}-L_{90} \qquad \sigma\approx\frac{1}{2}(L_{16}-L_{84})$$

（3）评价

① 数据平均法　将全部网格测得的连续等效 A 声级做算术平均值，该平均值代表某一区域的总噪声水平。

② 噪声污染图图示法　将各网点的测量结果以 5dB 为一等级，划分为若干等级（如 51～55dB，56～60dB，61～65dB，66～70dB，……），然后用不同的颜色或阴影线表示每一等级，绘制在校园监测网格平面图上，表示校园环境的噪声污染分布。以 L_{eq} 作为环境噪声评价量绘制该污染图。等级的颜色和阴影线的规定见表 4-4。

表 4-4　等级颜色和阴影线表示方式

噪声带/dB(A)	颜色	阴影线
35 以下	浅绿色	小点,低密度
36～40	绿色	中点,中密度
41～45	深绿色	大点,大密度
46～50	黄色	垂直线,低密度
51～55	褐色	垂直线,中密度
56～60	橙色	垂直线,高密度
61～65	朱红色	交叉线,低密度
66～70	洋红色	交叉线,中密度
71～75	紫红色	交叉线,高密度
76～80	蓝色	宽条垂直线
81～85	深蓝色	全黑

（五）实验报告

绘制校园监测网点噪声污染图，结合国家有关标准对所测量地点的噪声水平进行评价，并撰写实验报告。

第三节 环境照明测量

一、知识储备

前面章节中我们已经了解到不同的环境污染和影响，同样，环境照明的明、暗程度对人体也有着一定的影响。保持合适的环境照明，对提高工作和学习效率具有一定帮助，人如果长期处于过于强烈或过于阴暗的光线照射环境中，对眼睛伤害较大，还会严重影响到学习、生活、工作等。

（一）照度

照度是决定室内环境明亮程度的标准。过高照度人振奋、紧张，过低照度人易松弛。

照度定义：指物体被照亮的程度，采用单位面积所接受的光通量来表示，表示单位为勒（克斯）（lx）。在 $1m^2$ 面积上所得的光通量是 1 流明时，它的照度是 1lx。照度是以垂直面所接受的光通量为标准，若倾斜照射则照度下降。

照度均匀度：用 A_u 表示，指被照空间内最大照度与最小照度之差与平均照度的比较值。环境照度均匀或比较均匀的标志是 $A_u \leqslant 1/3$。

$$A_u = \left[\frac{E_{max} - \overline{E}}{\overline{E}} \text{或} \frac{\overline{E} - E_{min}}{\overline{E}} \right] \leqslant \frac{1}{3}$$

等照度曲线：按照坐标系画出的照度相同的点的连线。一系列不同照度值的这种轨迹线组成等照度曲线图，可用于说明一个表面或某一个空间的照度分布状况。

亮度定义：亮度是对光源而言，指在给定方向上单位面积的光源表面上的发光强度，用符号 L 表示，单位为坎（德拉）每平方米（cd/m^2）。一般来说视野内的观察对象、工作面和周围环境间的最佳亮度比为 5：2：1。集体作业情况下需要亮度均匀的照明，个体作业工作面亮些，周围空间稍暗一些也可以。

（二）照度确定标准

应根据作业对视觉的要求以及工作、生产特点确定照度。对于公共建筑还要根据其用途考虑各种特殊要求，如体育竞赛场馆，需要很高的垂直面照度或半柱面照度，以满足观众观看的清晰和舒适感和彩色电视转播的要求；商场除工作面要有适当的水平照度，还要有足够的空间亮度，营造顾客的明亮感和兴奋感；宾馆用照明来营造温馨、柔和的氛围。

（三）改善照度意义

改善照明环境条件，可降低作业者的视觉疲劳，提高工作效率，增加企业产量，减少失误和事故的发生。

二、技能测试

环境照明测量如下。

（一）实验目的

掌握光电照度计的工作原理及使用方法；掌握工作场所的环境照明测定方法，并对其进行正确评价。

（二）实验仪器材料

光电照度计、卷尺等。

（三）实验步骤

1. 布置测点

（1）一般照明时测点的平面布置

① 预先在测定场所打好网格，作测点记号，一般室内或工作区为 2～4m 正方形网格。对于小面积的房间可取 1m 的正方形网格。

② 对走廊、通道、楼梯等处在长度方向的中心线上按 1～2m 的间隔布置测点。

③ 网格边线一般距房间各边 0.5～1m。

（2）局部照明时测点布置　局部照明时，在需照明的地方测量。当测量场所狭窄时，选择其中有代表性的一点；当测量场所广阔时，可按上述一般照明时布点。

（3）测量平面和测点高度

① 无特殊规定时，一般为距地 0.8m 的水平面。

② 对走廊和楼梯，规定为地面或距地面为 15cm 以内的水平面。

（4）测量条件

① 根据需要点燃必要的光源，排除其他无关光源的影响。

② 测定开始前，白炽灯需点燃 5min，荧光灯需点燃 15min，待各种光源的光输出稳定后再测量。

2. 测量照度

（1）先检查电流表指针是否指在零位，否则应进行调零。再将量程开关打到"电源"，查电流表指针是否超过"红线"，否则应进行充电，然后将受光器接线插头插入插孔。

（2）先用大量程挡数，然后根据指示值大小逐步找到需测的挡数，原则上不允许在最大量程十分之一范围内测定。

（3）测定在自然采光、人工照明及自然采光和人工照明结合三种情况下的各照度值，然后计算房间内照度均匀度 A_u，并绘制自然采光下的等照度曲线。

（4）测量结束后将量程开关拨回"电源"，关闭电源开关。

注意：测量时要防止测试者和其他各种因素对接收器的影响；指示值稳定后读数。

（四）数据记录与处理

将测量结果列表，并记录测量地点名称；测量地点的平面图；被测房间的装修情况；采用的光源的种类；采用照明器的型式；测量时的电源电压；测量环境的温度状况及环境情况；使用的照度计型号；测点高度；测定日期、起止时间、测定人。

自然采光、人工照明及自然采光和人工照明结合三种情况下的各照度值记录见表 4-5，照度均匀度记录见表 4-6。

表 4-5　照度值记录表

测量点数	1	2	3	4	5	6	7	8	……
自然采光									
人工照明									
自然＋人工									

表 4-6 照度均匀度记录表

项目	E_{max}	E_{min}	$\overline{E}$	A_u
自然采光				
人工照明				
自然＋人工				

（五）实验报告

参照有关照明标准，对工作环境的照明条件进行评价，分析影响照明的因素，提出改进建议，并撰写实验报告。

习题

一、填空题

1. 在环境科学领域，环境的含义是以_____为主体的_____的总体。

2. 环境系统在一定的时空尺度内，进入系统的物质和能量与排放到系统外的物质和能量出现平衡，叫做_____或_____。

3. 环境问题可分为_____环境问题和_____环境问题两类。

4. 工业排放的_____等是造成酸雨的主要原因。

5. 臭氧层破坏主要是因为大量的_____等含有_____物质进入大气中造成的。

6. 在实际工作中，判断环境是否被污染及污染的程度是以_____为尺度。

7. 环境保护是人类为解决现实的或潜在的_____，维持自身的存在和发展而进行的各种_____的总称。

8. 固体废物环境防治实行_____、_____、_____的"三化"原则。

9. 可持续发展的三原则是_____、_____、_____原则。

10. 环境影响按效果可分为_____和_____。

11. 振动频率在_____范围内，作用于人耳鼓膜而产生的感觉称为声音。高于20000Hz的成为_____，而低于20Hz的则成为_____。

12. 环境噪声主要来源有_____、_____、_____、_____、_____。

13. 使用声级计电池极性或外接电源极性切勿_____，以免损坏仪器，使用完毕或长期不使用时，应将电池_____。

14. 交通噪声是随时间起伏的无规噪声，测定结果一般用统计值或_____来表示。

15. 测量噪声时天气条件要求在无雨无雪时间进行操作。声级计应加_____，以免风噪声干扰。风力在三级以上必须加_____，四级以上大风应_____。

16. 体育比赛、商业交易、游行集会产生的噪声称为_____。

17. 按照噪声随时间的变化关系，可以分为_____噪声和_____噪声两大类。

18. 照度指物体被照亮的程度，采用单位面积所接受的_____来表示，单位为_____。

19. 照度是决定室内环境_____的标准。

20. 等照度曲线是按照坐标系画出的_____相同的点的连线。

21. 亮度是对_____而言，指在给定方向上单位_____的光源表面上的_____，用符号_____表示，单位为_____。

二、判断题

1. 人类搭建的建筑物不属于环境。（   ）

2. 环境影响指对环境造成的破坏。（   ）

3. 水污染的一级处理主要采用生物化学法和絮凝法除去污水中的有机物。（   ）

4. 固体废物可分为生活垃圾、工业固废、建筑垃圾三类。（   ）

5. 固态和半固态废弃物污染防治适用《中华人民共和国固体废物污染防治法》，而液态的废弃物质的污染防治适用《中华人民共和国水污染防治法》。（   ）

6. 禁止向水体排放、倾倒工业废渣、废物。但城市垃圾或生活垃圾可以排放，这样有利于垃圾的降解、无害化。（   ）

7. 氟利昂、氮氧化物、四氯化碳和甲烷都是破坏臭氧层的物质。（   ）

8. 环境噪声标准值类别数越高，要求环境越静。（   ）

9. 测量照度时先用大量程挡数，然后根据指示值大小逐步找到需测的挡数。（   ）

10. 在酸雨控制区内的污染源，其 SO_2 的排放不仅要执行浓度标准外，还要执行行业总量控制标准。（   ）

11. 弹奏的钢琴曲不属于噪声。（   ）

三、问答题

1. 《中华人民共和国环境保护法》中环境的定义是什么？

2. 环境的特征有哪些？

3. 环境影响的分类有哪些？

4. 全球环境问题有哪些？举例说明其中几种。

5. 环境污染的概念是什么？

6. 环境污染物的分类有哪些？

7. 环境保护措施有哪些？

8. 可持续发展的概念是什么？

9. 噪声源的分类有哪些？

第五章
清洁生产

知识目标

1. 掌握清洁生产的概念、目标、内容、特点。
2. 掌握循环经济的定义和基本原则。
3. 掌握清洁生产的实施途径。

能力目标

1. 能够分析清洁生产与末端治理的联系及区别。
2. 能够分析清洁生产与循环经济的联系及区别。

第一节　清洁生产概述

一、清洁生产的产生

清洁生产是在环境与资源危机的背景下，国际社会总结了各国工业污染控制的基础，提出的一个全新的污染预防环境战略。这是基于对传统"末端治理"的环境污染控制实践反思，并成为支持可持续发展的有力战略措施。在中国政府制定的《中国 21 世纪议程》中，将推行清洁生产作为实施可持续性发展的一项重要措施。

清洁生产，从生产发展的角度看，它是对传统生产方式的根本变革。从环境保护的角度看，它是国际社会在工业污染治理经验教训的基础上提出的一种环境预防的战略措施。清洁生产的定义随着其实践的不断深入，也在更新，不仅适用于生产过程的污染防治，而且其原则和方法又逐步扩展到产品、服务全过程，并正在全方位地影响着环境保护、金融贸易、社会经济、法制建设、消费行为、宣传教育等各个领域，向着"循环经济"和"循环社会"推进。

二、清洁生产的定义

在提出转变污染控制战略和传统的生产发展模式时，一些国家曾采用了一些提法，如废物最少量化、无废少废工艺、清洁工艺、污染预防等。但这些概念不能确切表达当代环境污染防治和生产可持续发展的新战略。

联合国环境规划署将清洁生产概括为：针对生产过程、产品、服务持续实施的综合性预防的以增加生态效率和减少人类和环境风险的策略。对于生产过程，它意味着充分利用原料和能源，消除有毒物料，在各种废物排出前，尽量减少其毒性和数量；对于产品，它意味着减少从原材料选取到产品使用后最终处理处置整个生命周期过程对人体健康和环境构成的影响；对于服务，则意味着将环境的考虑纳入设计和所提供的服务中。根据这一清洁生产的概念，其基本要素描述如图 5-1 所示。

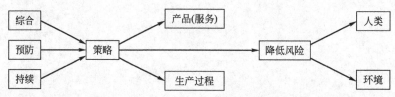

图 5-1　清洁生产概念的基本要素

清洁生产不包括末端治理技术，如空气污染控制、废水处理、固体废弃物焚烧或填埋，清洁生产通过应用专门技术，改进工艺技术和改变管理态度来实现。

中国清洁生产促进法的定义：是指不断采取改进设计、使用清洁的能源和原料、采用先进的工艺技术与设备、改善管理、综合利用等措施，从源头削减污染，提高资源利用效率，减少或者避免生产、服务和产品使用过程中污染物的产生和排放，以减轻或者消除对人类健康和环境的危害。清洁生产的核心是节能、降耗、减污、增效。

从清洁生产的定义可以看出，实施清洁生产体现四个方面的原则。

(1) 减量化原则 资源消耗最少、污染物产生和排放最小。

(2) 资源化原则 "三废"废水、废渣、废气最大限度地转化为产品。

(3) 再利用原则 对生产和流通中产生的废弃物，作为再生资源充分回收利用。

(4) 无害化原则 尽最大可能减少有害原料的使用以及有害物质的产生和排放。

需要注意，清洁生产是一个相对的概念，随着科技、生产的不断进步，所谓清洁的能源、工艺、设备、产品等是相对于现有状况而言的，是相比较而言的，清洁生产应当持续进步，不断改革、创新。

三、清洁生产的目标

清洁生产思考方法与以前不同，过去考虑对环境的影响，主要从污染物产生后如何处理出发，而清洁生产则要求把污染物消除在它产生之前，是一种预防性方法。它要求在产品或工艺的整个寿命周期的所有阶段，都必须考虑预防污染，或将产品或工艺过程中对人体健康及环境的短期和长期风险降至最小。同时，清洁生产谋求节约能源、减少污染、降低原材料消耗、降低产品成本和"废物"处理费用，提高劳动生产率，改善劳动条件，直接或间接地提高经济效益。清洁生产可以概括为以下两个目标。

① 通过资源的综合利用、短缺资源的代用、二次资源的利用以及节能、省料、节水，合理利用自然资源，减缓自然资源的耗竭。

② 减少废料和污染物的生产和排放，促进工业产品的生产、消费过程与环境相容，降低整个工业活动对人类和环境的风险。

四、清洁生产的内容

清洁生产要求实现可持续的经济发展，发展的同时必须注重生态环境的长期承受能力。同时环境保护也要考虑到一定阶段的经济能力，要采取积极可行的环境政策推进经济发展。清洁生产具体措施可包括不断改进设计，使用清洁的能源和原料，采用先进的工艺技术与设备，改善管理，综合利用，从源头削减污染，提高资源利用效率，减少或者避免生产、服务和产品使用过程中污染物的产生和排放等。清洁生产主要内容包括以下几点。

1. 清洁的能源

包括对常规能源的清洁利用，如采用洁净煤技术，逐步提高液体燃料、天然气使用；对沼气、水力资源等再生能源的利用；太阳能、风能、潮汐能、燃料电池等新能源的开发利用以及各种节能技术的开发利用。

2. 清洁的生产过程

尽量少用和不用有毒有害的原料；采用无毒、无害的中间产品；选用少废、无废工艺和高效设备；尽量减少生产过程中的各种危险性因素，如高温、高压、低温、低压、易燃、易爆、强噪声、强振动等；采用可靠和简单的生产操作和控制方法；对物料进行内部循环利用；完善生产管理，不断提高科学管理水平。

3. 清洁的产品

产品设计应考虑节约原材料和能源，少用昂贵和稀缺的原料；产品在使用过程中以及使用后不含危害人体健康和破坏生态环境的因素；产品的包装合理；产品使用后易于回收、重复使用和再生；使用寿命和使用功能合理。

五、清洁生产的特点

（1）体现预防为主的环境战略。清洁生产是对生产过程产生的污染进行综合预防，以预防为主，通过污染物产生源的削减和回收利用，使废物减至最少，以有效地防止污染的产生。

（2）体现经济效益、社会效益和环境效益的统一。传统污染后的末端治理投入多、运行成本高、治理难度大，清洁生产的实施，从源头到过程到产品到服务等全程节约能源、控制污染、综合利用回收资源，进行经济、社会、环境效益分析并体现其统一。

（3）体现有效性。清洁生产最大限度地提高资源利用率，促进资源的循环利用，实现节能、降耗、减污、增效。

（4）体现系统性。推行清洁生产是一项系统工程，它需要企业要明确职责并进行科学的规划，制定发展战略、政策、法规。包括能源与原材料的更新与替代、产品设计、开发少废无废清洁工艺、排放污染物处置及物料循环等的一项复杂系统工程。

（5）体现持续性。随着社会经济发展和科学技术的进步，清洁生产需要不断完善、更新、创新。

六、推行清洁生产的意义

（1）清洁生产是实现可持续发展的战略需要。

（2）清洁生产是工业、农业等发展的必然选择。

（3）清洁生产是防治环境污染有效手段。

（4）清洁生产企业提高竞争力的最佳途径。

（5）清洁生产是实现社会主义精神文明、提高民族整体素质的重要组成部分。

第二节　清洁生产与末端治理

国内外的大量实践表明，清洁生产作为污染预防的环境战略，是对传统的末端治理手段的根本变革，是污染防治的最佳模式。传统的末端治理把环境责任更多地方在环保研究、管理人员身上，把注意力集中在对生产过程中已经产生的污染物的处理上，与生产过程相脱节，即"先污染，后治理"，侧重点是"治"；清洁生产从产品设计开始，到生产过程的各个环节，通过不断地加强管理和技术进步，提高资源利用率，减少污染物的产生，侧重点是"防"。传统的末端治理无法实现环境效益与社会效益、经济效益的统一，对于污染的治理成本较高，企业缺乏积极性，而且随着工业化进程的加速，处理效果越发有限；清洁生产从源头抓起，实行生产全过程控制，污染物最大限度地消除在生产过程之中，并能够有效提升产品市场竞争力，提高企业治理积极性，实现经济与环境、社会有效统一。清洁生产与末端治理的比较见表5-1。

表 5-1　清洁生产与末端治理比较

项目	末端治理(不包括综合利用)	清洁生产
产生年代	20 世纪 70～80 年代	20 世纪 80 年代末
目标对象	企业及周围环境	整个社会
原则	治	防
思考方法	污染物产生后再处理	污染物消除在生产过程中
控制过程	污染物达标排放控制	生产全过程、产品生命周期全过程
处理效果	受产污量影响,随着发展效果有限	处理稳定,随着发展更新、进步
产污量	减少	明显减少
资源利用率	无明显变化	增加
资源耗用	增加(消耗于污染治理)	减少
产品成本	增加(治理污染费用)	降低
产品产量	无明显变化	增加
经济效益	减少(用于治理污染)	增加
治理污染费用	较高	减少
企业积极性	欠佳	积极
环境、经济、社会效益	无法统一	较好统一

由于工业生产无法完全避免污染的产生,用过的产品还必须进行最终处理处置,因此推行清洁生产还需要末端治理,它们还将长期并存,互相辅助。

第三节　清洁生产与循环经济

一、循环经济的定义

所谓循环经济,就是运用生态学规律来指导人类社会的经济活动,是以资源的高效利用和循环利用为核心,以"减量化、再利用、再循环"为原则,以低消耗、低排放、高效率为基本特征的社会生产和再生产模式,其实质是以尽可能少的资源消耗和尽可能小的环境代价实现最大的发展效益。

与传统经济相比,循环经济模拟自然生态系统的运行方式和规律要求,实现特定资源的可持续利用和总体资源的永续利用,实现经济活动的生态化,它倡导的是一种与环境和谐的经济发展模式。它要求把经济活动组织成一个"资源-产品-再生资源"的反馈式流程,其特征是低开采、低消耗、低排放、高利用。

二、循环经济的基本原则

循环经济的基本原则可以用"3R"概括。减量化（Reduce）、再利用（Reuse）、再循环（Recycle）。

（一）减量化原则

以资源投入最小化为目标。通过清洁生产而非末端治理，最大限度地减少对不可再生资源耗竭性开采和利用，以可再生资源作为替代，对废弃物的产生排放实行总量控制。在生产中可以减少单位产品原料使用量以及重新设计制造工艺做到减量化，如可以通过光纤技术减少电话传输线对铜线的使用等。消费中不铺张浪费、选择包装物较少和可循环的物品等，如超市使用环保垃圾袋等措施，均能减少废物的产生。

（二）再利用原则

以废物利用最大化为目标。再利用原则要求产品和包装容器能够以初始形式被多次使用和反复使用，生产者在产品设计和生产中，摒弃一次性使用而追求利润的思维，尽可能使产品经久耐用。它属于过程性方法，目的是延长产品和服务的时间强度。

（三）再循环原则

以污染排放量最小化为目标。提升绿色工业技术水平，通过对废弃物的多次回收再造，实现废弃物多级资源化、资源良性循环。

实施循环经济应以"减量化、再利用和再循环"为基本原则，在一定条件下将物质、能量、时间、空间、资金等五要素有效地整合。

三、清洁生产与循环经济

清洁生产是在基层单位之内将环境保护延伸到企业有关的各方面，循环经济是从国民经济的高度和广度将环境保护引入经济运行机制。清洁生产是循环经济的奠基，循环经济是清洁生产的拓展。它们的提出都是基于同样的时代要求，即协调经济发展和环境资源之间的矛盾。它们有共同的理论基础，均以工业生态学作为理论基础。它们有共同的目标和实施途径，都以不可再生资源的再循环为目标，实施时都包括资源减少和再循环。

清洁生产和循环经济的主要区别就是在实施的层次上，企业层次的清洁生产是小循环的循环经济；而想要促进整个循环经济发展需要解决很多问题，清洁生产正为此提供了一系列的技术基础。

可以说清洁生产作为企业层次上的技术基础，循环经济是区域层次上协调环境保护、经济发展和资源利用的有效途径。它们的推广和实施有助于可持续发展的进一步提升，有助于我国国际竞争力的提高。

第四节　清洁生产的实施途径

1. 合理布局

调整和优化经济结构和产业产品结构，以解决影响环境的"结构型"污染和资源能源的浪费。同时，在科学区划和地区合理布局方面，进行生产力的科学配置，组织合理的工业生态链，建立优化的产业结构体系，以实现资源、能源和物料的闭合循环，并在区域内削减和消除废物。

2. 资源综合利用

资源综合利用是全过程控制的关键，增加了产品的生产，同时减少了原料费用，减少了工业污染及其处置费用，提高了工业生产的经济效益。这里的资源指并未转化为废料的物料，通过综合利用就可以消除废料的产生。资源综合利用包括综合勘探、综合评价、综合开发、综合利用。

3. 改进产品设计

将环境因素纳入产品开发的全过程，使其在使用过程中效率高、污染少，在使用后易回收再利用，在废弃后对环境危害小。

产品设计以"不影响产品的性能和寿命前提下尽可能体现环境目标"为核心，包括以下几点。

① 消费方式替代设计。如利用电子邮件替代普通信函、无纸办公等。

② 产品原材料环境友好型设计。包括优先选择可再生或次生原材料，尽量避免使用或减少使用有毒有害化学物质等。

③ 延长产品生命周期设计。包括加强产品的耐用性、适应性、可靠性等。

④ 易于拆卸的设计。

⑤ 可回收性设计。即设计时应考虑这种产品的未来回收及再利用问题。包括可回收材料、工艺等。

4. 革新产品体系

产品体系设计时考虑环境标志产品、产品的物耗和能耗、产品的耐用性、原材料的再生性、产品的回收和可生物降解性。

5. 改革工艺和设备

包括简化工艺流程，减少工序和所用设备，优化原料和配方，物料循环（原料、水、电、气、热等），采用低能耗高效率的新设备，实现连续操作以保证生产过程的稳定状态，提高单套设备生产能力，调整工艺条件是系统保持最佳操作参数，采用节能的泵、风机，加强自动化控制等。

6. 生产过程的科学管理

包括将节能、降耗、减污指标分解到生产的各个工序，将环境考核指标落实到各个岗位，坚持设备的维护保养制度，严格监督，调查研究和废弃物审计等。

7. 物料再循环和综合利用

在生产过程中，应尽可能提高原料利用率和降低回收成本，实现原料闭路循环，"三废"综合利用，企业间废物横向利用等。

8. 必要的末端处理

这里的末端处理是清洁生产不得已而采取的污染控制最终手段，重视废弃物资源化。

 习题 --

一、填空题

1. 清洁生产的核心是_____、_____、_____、_____。

2. 清洁生产的主要内容包括_____、_____、_____。

3. 中国清洁生产促进法对于清洁生产的定义是指不断采取_____、使用清洁的能源和原料、采用_____、改善_____、综合利用等措施，从_____削减污染，提高_____，减少或者避免_____、_____和_____使用过程中污染物的产生和排放，以减轻或者消除对人类健康和环境的危害。

4. 从清洁生产的定义可以看出，实施清洁生产体现四个方面的原则_____、_____、_____和_____。

5. 清洁生产是对生产过程产生的污染进行_____，以_____为主，通过污染物产生源的削减和回收利用，使_____减至最少，以有效地防止污染的产生。

6. 清洁生产是一种新的创造性思想，该思想将整体预防的环境战略持续应用，以增加_____和减少人类及环境的风险。

7. 清洁生产体现_____效益、_____效益和_____效益的统一。

8. 循环经济的基本原则可以用_____概括即_____、_____、_____原则。

9. 与传统经济相比循环经济模实现特定资源的_____和总体资源的_____，实现经济活动的_____，它倡导的是一种_____的经济发展模式。它要求把经济活动组织成一个_____的反馈式流程，其特征是_____、_____、_____、_____。

10. 清洁生产的实施途径中改革工艺和设备，包括简化_____，减少_____和_____，优化_____，_____循环（原料、水、电、气、热等），采用低能耗高效率的新设备，实现_____以保证生产过程的稳定状态。

二、判断题

1. 清洁生产是一个绝对的概念，清洁生产工艺及技术固定有效。（　　）

2. 凡含有末端治理的方案均不符合清洁生产的要求。（　　）

3. 污染就是浪费资源，因此防治污染与节省资源密不可分。（　　）

4. 清洁生产和企业生产的目标是一致的。（　　）

5. 清洁生产只适用于工业企业。（　　）

6. 设置清洁生产目标不用考虑目前企业状况。（　　）

7. 缴纳排污费、超标准排污费或者被处以警告、罚款的单位、个人并不免除治理污染，排除危害和赔偿损失的责任。（　　）

8. 任何单位、个人不得将产生严重污染的生产设备转移给没有污染防治能力的单位使用。（　　）

9. 清洁生产与末端治理一个是防，一个是治，是互不兼容的，不相干的。（　　）

10. 清洁生产和循环经济的主要区别就是在实施的层次上。（　　）

11. 在生产过程中产生"三废"处理费用较高，不提倡综合利用。（　　）

三、问答题

1. 清洁生产的原则是什么？

2. 清洁生产的目标是什么？

3. 清洁生产的内容有哪些？

4. 清洁生产与末端治理的关系是什么？

5. 循环经济的定义是什么？

6. 清洁生产与循环经济的关系是什么？

7. 清洁生产的实施途径有哪些？

参 考 文 献

[1] 王明贤. 现代质量管理 [M]. 北京：北京交通大学出版社，2011.

[2] 王冬梅. 全面质量管理基础知识 [M]. 合肥：安徽科技出版社，2013.

[3] 岑咏霆. 质量管理教程 [M]. 上海：复旦大学出版社，2005.

[4] 于晓霖. 质量管理 [M]. 北京：中央广播电视大学出版社，2004.

[5] 李洪. 职业健康与安全 [M]. 北京：人民邮电出版社，2012.

[6] 杜洪文. 职业健康安全与规范 [M]. 北京：机械工业出版社，2010.

[7] 现代企业职业卫生技术丛书编委会. 职业病危害与健康监护 [M]. 北京：中国劳动社会保障出版社，2010.

[8] 刘彦伟，朱兆华，徐炳根. 化工安全技术 [M]. 北京：化学工业出版社，2012.

[9] 智恒平. 化工安全与环保 [M]. 北京：化学工业出版社，2008.

[10] 李志宪，刘咸卫. 现代企业安全管理全书 [M]. 北京：中国石化出版社，2000.

[11] 孙玉叶. 化工安全技术与职业健康 [M]. 北京：化学工业出版社，2009.

[12] 王红云. 环境化学 [M]. 北京：化学工业出版社，2009.

[13] 于宗保. 环境保护基础 [M]. 第 2 版. 北京：化学工业出版社，2012.

[14] 袁霄梅，张俊，张华. 环境保护概论 [M]. 北京：化学工业出版社，2014.

[15] 金适. 清洁生产与循环经济 [M]. 北京：气象出版社，2007.

[16] 李海红. 清洁生产概论 [M]. 西安：西北工业大学出版社，2010.

[17] 王英健，杨永红. 环境监测 [M]. 北京：化学工业出版社，2009.